"十三五"高职高专规划教材

典型焊接接头操作技术及安全

主　编　王兆瑞　邹建英

副主编　胡　敏　罗玉娟　施骁川

北京交通大学出版社

·北京·

内 容 简 介

全书共分 5 个模块，分别为实训室规章制度及操作规程、气焊与气割、焊条电弧焊、钨极氩弧焊操作、CO_2 焊操作。

本书以突出应用性、实践性为原则，以焊接方法为主线，以压力容器典型焊接接头为载体，使学生熟练操作氧乙炔气焊与气割，掌握焊条电弧焊平、立、横、仰的基本原理和技术手法，根据难易程度在焊条电弧焊基础上依次掌握钨极氩弧焊、CO_2 焊基本焊接技术，目的是让学生熟练掌握基本焊接技术，提高焊接操作能力。

本书可作为高等职业学院、高等专科学校、成人高校等职业院校焊接技术与自动化专业教材，还可供从事焊接操作工作的技术人员参考。

图书在版编目（CIP）数据

典型焊接接头操作技术及安全/王兆瑞，邹建英主编 . —北京：北京交通大学出版社，2020.9

ISBN 978-7-5121-4313-5

Ⅰ. ①典…　Ⅱ. ①王…　②邹…　Ⅲ. ①焊接接头-安全技术　Ⅳ. ①TG441.2

中国版本图书馆 CIP 数据核字（2020）第 149616 号

典型焊接接头操作技术及安全

DIANXING HANJIE JIETOU CAOZUO JISHU JI ANQUAN

责任编辑：吴嫦娥

出版发行：北京交通大学出版社　　　　电话：010 - 51686414　　http：//www.bjtup.com.cn
地　　址：北京市海淀区高粱桥斜街 44 号　邮编：100044
印 刷 者：北京鑫海金澳胶印有限公司
经　　销：全国新华书店
开　　本：185 mm × 260 mm　印张：8.5　字数：218 千字
版 印 次：2020 年 9 月第 1 版　2020 年 9 月第 1 次印刷
定　　价：39.00 元

本书如有质量问题，请向北京交通大学出版社质监组反映。对您的意见和批评，我们表示欢迎和感谢。
投诉电话：010 - 51686043，51686008；传真：010 - 62225406；E-mail：press@ bjtu. edu. cn。

前　言

典型焊接接头操作技术及安全为焊接技术与自动化专业核心技术课程，是培养学生独立使用焊接设备、工具，完成焊接操作基本技能的一门课程。本书针对性和实用性强，符合国家职业标准、1+X 特殊焊接技术（初级）和企业工作特点。通过本书的学习，学生可以掌握氧乙炔气焊与气割、焊条电弧焊、钨极氩弧焊、CO_2 焊等基本焊接技术，使学生具备国家职业资格中级工技能或 1+X 特殊焊接技术（初级）技能，培养学生安全第一、规范操作、吃苦耐劳、认真仔细、严谨求实的工作态度和良好的团结合作精神，为学生走向工作岗位奠定基础。

焊接操作技能的培养需要相关专业理论知识的支撑，更需要长时间的反复训练和积累才能完成。本书以焊接方法为主线，以压力容器典型焊接接头为载体，结合 1+X 特殊焊接技术（初级）要求，从易到难、从低到高来设计内容，通过四学期"课程不断线"的原则编写，使学生能熟知焊接安全操作规程，能进行氧乙炔气焊与气割，熟练掌握焊条电弧焊平、立、横、仰的基本原理和技术手法，掌握钨极氩弧焊、CO_2 焊基本焊接技术，并针对就业岗位疑难问题培养学生团结合作、分析解决技术难题的能力和吃苦耐劳的精神。

本书遵循教育教学规律，符合教学对象的认知水平和学习规律，结合行业需求和专业特色与教学对象的实际情况编写；做到实用、够用、会用，重在培养学生的职业技能。教材结构由大模块小任务组成，遵循一体化教学模式，体现出"做中学"和"学中做"的教学理念。

编者
2020 年 5 月

目 录

模块 1
实训室规章制度及操作规程

学习目标

1. 知道各种劳动防护用品的正确穿戴方法。
2. 会使用常见的焊接工器具。
3. 掌握氧乙炔气割、氧乙炔气焊的操作规程。
4. 知道打磨室安全规程。
5. 掌握手工电弧焊安全规程。

1.1 正确穿戴劳动防护用品

劳动防护用品是指劳动者在生产活动中，为保证安全健康，防止事故伤害或职业性危害，而佩戴使用的各种用具的总称。常用的劳动防护用品主要包括安全帽、防护工作服、护目镜、防护手套、防护鞋、防尘口罩等。

需要佩戴劳动防护用品的人员在使用劳动防护用品前，应认真阅读产品安全使用说明书，确认其使用范围、有效期限等内容，熟悉其使用、维护和保养方法、发现防护用品有受损或超过有效期限等情况，绝不能冒险使用。

1. 安全帽

安全帽如图 1-1 所示，其使用注意事项如下。

图 1-1　安全帽

（1）穿戴前认真检查安全帽有无裂纹、碰伤痕迹、凹凸不平、磨损情况，安全帽附件是否齐全，帽衬尺寸是否合理。

（2）穿戴前将帽后调整带按照自己头型调整到合适位置。

（3）系紧下颚带，调节好后箍。

2. 防护工作服

防护工作服（举例）如图 1-2 所示，其使用注意事项如下。

（1）选择的防护工作服要大小适中，适合自己的身材。

（2）穿戴前应检查有无破损、裂缝；拉链是否完好；纽扣是否齐全、完好。

（3）裤子要系皮带，裤脚不能太长，也不能裸露腿部皮肤。

（4）穿戴整齐，扣子扣好，不能裸露手臂。

图 1-2   防护工作服（举例）

3. 护目镜

护目镜如图 1-3 所示，其使用注意事项如下。

图 1-3   护目镜

（1）在使用前要检查护目镜有无裂纹、磨损；有无镜片；镜架是否完好。

（2）护目镜的宽窄和大小要适合使用者的脸型。

（3）护目镜要专人专用，防止传染眼睛疾病。

（4）护目镜的滤光片和保护片要按规定作业的需要选用和更换。

（5）防止重压重摔，防止坚硬的物品摩擦镜片。

4. 防护手套

防护手套如图 1-4 所示，其使用注意事项如下。

（1）明确使用场合，选用合适的手套。在焊接生产中主要选用耐磨、耐高温手套。

（2）使用前应仔细检查，观察表面是否有破损。

（3）防护手套用后冲洗干净、晾干，保存时避免高温，并在表面上撒上滑石粉以防粘连。

（4）操作旋转设备时禁止戴手套作业。

5. 防护鞋

防护鞋如图 1-5 所示，其使用注意事项如下。

图 1-4　防护手套

图 1-5　防护鞋

（1）应根据作业场所选择相应的防护鞋。

（2）穿戴前要检查有无破损、裂缝；鞋带是否完好；鞋跟是否完好。

（3）若穿用绝缘防护鞋，裤管不宜长及鞋底外沿条高度，更不能长及地面。

（4）非耐酸碱油的橡胶底，不可与酸碱油类物质接触，并应防止尖锐物刺伤。

6. 防尘口罩

防尘口罩如图 1-6 所示，其使用注意事项如下。

图 1-6　防尘口罩

（1）选用产品的材质不应对人体有害，不应对皮肤产生刺激和使其过敏。

（2）佩戴方便，与脸部要吻合。

（3）在穿戴前要仔细检查有无破裂、磨损；附件应齐全；活性炭是否在有效期内。

1.2 工器具的正确使用

工器具主要是指在焊接过程中辅助完成焊接任务的工具。焊条电弧焊的常用工器具有电焊钳、电焊面罩、焊条保温桶、焊缝检验尺、敲渣锤、钢丝刷、角向磨光机等。

1. 电焊钳

电焊钳又称焊把，是用来夹持焊条、传导电流的工具，如图 1-7 所示。常用电焊钳有 300 A、500 A 两种规格，要求具有良好的绝缘性与隔热能力。焊条位于水平 45°、90° 等方向时焊钳都能夹紧焊条，并保证更换焊条安全方便、操作灵活。

2. 电焊面罩

电焊面罩是防止焊接飞溅物、弧光及防止高温对焊工面部、颈部灼伤的一种工具，如图 1-8 所示。要求选用耐燃、绝缘材料制成，罩体应遮住焊工的整个面部，结构牢固，不漏光。电焊面罩透视玻璃色号选择很重要，颜色太黑时看不清熔池，眼睛容易产生疲劳；颜色太浅时，长时间工作对眼睛的视力会造成极大的伤害。

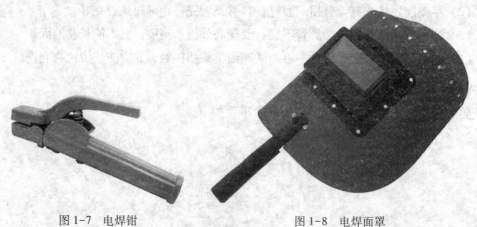

图 1-7　电焊钳　　　　　　　　　　图 1-8　电焊面罩

3. 焊条保温桶

焊条保温桶如图 1-9 所示。

使用低氢型焊条焊接重要结构时，焊条必须先在烘箱里进行烘干，烘干温度和保温时间因材料和季节而异。焊条从烘箱内取出后，应储存在焊条保温桶内，在施工现场逐根取出使用。

图 1-9　焊条保温桶

4. 焊缝检验尺

焊缝检验尺如图 1-10 所示，用以测量坡口角度、间隙、错边以及余高、焊缝宽度、角焊缝焊脚尺寸等。由直尺、探尺和角度规组成。

图 1-10　焊缝检验尺

5. 敲渣锤

如图 1-11 所示，敲渣锤是用来清除焊渣的一种尖锤，可以提高清渣效率。电焊条由焊芯和药皮两部分组成：焊芯与工件熔化后组成焊缝金属；药皮熔化后形成焊渣，覆盖在焊缝金属的表面上。为了检查焊缝质量，发现焊接缺陷，必须使用焊接专用的焊缝敲渣锤，以清除焊缝表面的焊渣。

图 1-11   敲渣锤

6. 钢丝刷

钢丝刷如图 1-12 所示，用来清除焊件表面的铁锈、油污等氧化物。工件表面清理得干净，保证焊接质量优质且不宜出现焊接缺陷；反之，工件表面有油、铁锈等污物将会使焊接质量下降，甚至会出现裂纹。为了保证焊接质量，在焊接前必须将工件表面清理干净。用于清理工件表面的钢丝刷是不可缺少的必备工具。

图 1-12   钢丝刷

7. 角向磨光机

角向磨光机是一种小型电动砂轮机，可用来打磨工件上的氧化物及修整坡口和焊缝接头处的缺陷，如图 1-13 所示。角向磨光机的转速很高，操作时应戴好防护手套和护目镜；打磨时注意火花飞向，在火花飞向处严禁站人。更换砂轮片时必须拔掉电源插头；砂轮片与转动轴必须锁紧，以免在磨削时砂轮片松动飞出伤人。

图 1-13   角向磨光机

1.3 氧乙炔气割操作规程

气瓶在运输储存和使用过程中，由于受震动、直接受热及使用不当、操作失误等，会发生爆炸事故。所以使用气瓶时，必须采取必要的安全措施。

1. 氧气气瓶、乙炔气瓶的放置

（1）氧气气瓶、乙炔气瓶与明火间的距离应在 10 m 以上。

（2）氧气气瓶必须装设两个防震橡胶圈。氧气气瓶应与其他易燃气瓶、油脂和其他易燃物品分开保存，严禁与乙炔气瓶混装运输。

（3）氧气气瓶禁止敲击，碰撞，要轻拿轻放；不得靠近热源和电气设备。

（4）严禁放置在通风不良的场所，且不得放在橡胶等绝缘体上，夏季要防止暴晒。

（5）焊接场地应备有相应的消防器材，露天作业应防止阳光直射氧气气瓶、乙炔气瓶。

2. 作业前检验

（1）检查设备、安全附件（减压器、回火防止器）及管路是否漏气，只准用肥皂水试验。试验时，周围不准有明火，不准抽烟。严禁用火试验漏气。

（2）橡胶软管须经压力试验，氧气软管试验压力为 2.0 MPa，乙炔软管试验压力为 0.5 MPa。

（3）未经压力试验的代用品及变质、老化、脆裂、漏气的软管不准使用。

3. 作业前准备

（1）软管长度一般为 10～20 m。不准使用过短或过长的软管。

接头处必须用专用的卡子或退火的金属丝卡扎牢。氧气软管为蓝色，乙炔软管为黑色，与焊炬连接时不可混淆错接。

（2）气瓶附件有毛病或缺损，减压器、回火防止器、压力表损坏变形，禁止使用，阀门螺杆滑丝时应停止使用。氧气气瓶应直立安放在固定支架上，以免翻倒发生事故。

（3）根据工件的厚度，选择适当的焊炬、割炬及焊嘴、割嘴切割厚金属。

（4）如发现漏气应及时进行更新，以免泄漏造成事故。

4. 操作中的注意事项

（1）禁止用易产生火花的工具去开启氧气气瓶的阀门或乙炔气瓶的阀门。开启气瓶阀门时，要用专用工具，动作要缓慢，不要面对减压表，操作者应站在阀门的侧后方；但应观察压力表指针是否灵活正常。

（2）乙炔软管使用中发生脱落、破裂着火时，应先将焊炬或割炬上的火焰熄灭，然后停止供气。氧气软管着火时，应迅速关闭氧气阀门，停止供氧；不准用弯折的办法来消除氧气软管着火。乙炔软管着火时可用弯折前面一段的办法来将火熄灭。

（3）禁止把橡胶软管放在高温管道和电线上，或把重、热物件压在软管上，也不准将橡胶软管与电焊用的线敷设在一起。使用时应防止割破。橡胶软管经过车行道时应加护套或盖板。

（4）工作地点要有足够清洁的水，供冷却焊炬用。当焊炬由于强加热而发出"劈啪"声时，必须立即关闭乙炔气瓶的阀门，并将焊炬放入水中进行冷却。注意，最好不关氧气阀门。

（5）干式回火器在使用中不能随意进行拆封自行调节，否则起不到回火防止的安全作用。

（6）工作地点不固定且移动较频繁时，气瓶应装在小车上；同时使用乙炔气瓶和氧气气瓶时，应尽量分离放置，乙炔气瓶严禁卧放。

（7）如发现漏气应及时进行更新，以免造成事故。

5. 焊炬点燃操作注意事项

（1）点火前，急速开启焊炬阀门，用氧吹风，以检查喷嘴的出口，但不要对准脸部试风。无风时不得使用。

（2）容器内焊接时，点火和熄火都应在容器外进行。

（3）对于射吸式焊炬（或割炬），点火时应先微微开启焊炬（或割炬）上的氧气阀门，再开启乙炔阀门，然后将其送到灯芯或火柴上点燃，再调节把手阀门来控制火焰。

（4）使用乙炔切割时，应先开乙炔阀门，再开氧气阀门。

（5）熄灭火焰时，焊炬应先关乙炔阀门，再关氧气阀门。割炬应先关氧气阀门，再关乙炔阀门。当回火发生后，橡胶软管或回火防止器上喷火，应迅速关闭焊炬上氧气阀门和乙炔阀门，再关上一级氧气阀门和乙炔阀门，然后采取灭火措施。

（6）操作焊炬和割炬时，不准将橡胶软管背在背上操作。禁止使用焊炬（或割炬）的火焰来照明。

6. 作业完成后

（1）工作完毕或离开工作现场，要拧上气瓶的安全帽，收抬现场，把气瓶放在指定地点。下班时应对气瓶进行卸压。

（2）在短时间休息时，必须把焊炬（或割炬）的阀门闭紧，不准将焊具放在地上。较长时间休息或离开工作地点时，必须熄灭焊炬，关闭气瓶阀门，除去减压器的压力，放出管中余气，收拾软管和工具。

（3）妥善保管干式回火器，保持清洁，防止油污和腐蚀性气体，以延长其使用寿命。

只有遵守操作规程，正确使用气瓶进行作业，才能有效避免危险。

7. 其他规定

（1）禁止使用没有减压器、回火防止器的气瓶，使用完后将阀门拧紧，写上"空瓶"标记。

（2）严禁铜、银、汞等及其制品与乙炔接触；必须使用铜合金器具时，合金含铜量应低于 70%。

（3）瓶内气体严禁用尽，必须留有不低于如表 1-1 所示规定的剩余压力。

表 1-1　环境温度与剩余压力关系

环境温度/℃	<0	0～<15	15～<25	25～<40
剩余压力/MPa	0.05	0.1	0.2	0.3

1.4 氧乙炔气焊操作规程

1. 作业前

（1）气焊作业人员必须经过专业培训，通过安全生产监督部门的考核，取得特种作业操作证。

（2）氧气气瓶严禁与乙炔气瓶、易燃易爆品、油脂存放在一起；严禁氧气气瓶、乙炔气瓶在高温环境或距离明火 10 m 内存放，不准靠近带电体。

（3）氧气气瓶必须有安全帽和防震胶圈。搬运氧气气瓶、乙炔气瓶时，要用专用小车，禁止在地上滚动、碰撞，禁止用吊车直接吊装气瓶。气焊的一切设备工具禁止沾油脂；如有漏气现象及时处理，严禁用明火做试验。

（4）装氧气表时，先开一下气瓶阀门，吹除瓶阀的灰尘，再装氧气表；缓慢开阀门，操作时人体躲开瓶口，站立在侧面。

（5）氧气表如有冻结现象，用蒸汽或热水解冻，严禁用火烤。

（6）发现瓶阀开关漏气，立即将气瓶搬出室外，瓶嘴朝上，让其自然降压后交专业人员修理。

（7）作业时，氧气气瓶、乙炔气瓶应间距 5 m 以上，乙炔气瓶直立放置牢固，设置防倾倒装置。

（8）清理作业现场。

2. 作业中

(1) 气焊、气割作业必须戴好护目镜、防护手套。

(2) 点火前检查焊割炬射吸正常。点火时，先微开氧气气瓶的阀门，后开乙炔气瓶的阀门，点火后立即调节火焰，进行工作。

(3) 禁止用铁制工件敲打气瓶及附件，以免产生火花引起爆炸。

(4) 使用氧气气瓶、乙炔气瓶时，应分别保持不低于 0.5 MPa 和 0.01 MPa 余压，防止气瓶内混入空气。

(5) 气焊软管的长度不得少于 10 m。作业时，不能将软管缠绕在身上，严禁将氧气软管与乙炔软管互换使用，严禁软管与电焊线、电源线等缠绞在一起。

(6) 焊割嘴堵塞时，应停止工作进行修理。

(7) 作业场所不得有易燃易爆物品及压力容器。无法清理时，采取可靠隔离措施。

(8) 对存放易燃易爆物品的容器进行焊割时，必须要对容器进行彻底的清洗，将盖打开通风，并经主管科室批准，制定落实防范措施后，方可焊割。

(9) 容器内部焊接作业，必须制定防范措施，经专业人员确认，在通风良好的情况下方可作业，同时设专人监护。作业时，应在容器外引燃焊割炬，工作结束后，立即关闭火焰，将焊割炬拿出容器外。

(10) 高空或立体交叉作业时，采取熔渣隔离措施，防止火灾或烫伤他人。

(11) 工作中发生回火现象，应立即关闭氧气气瓶的阀门和乙炔气瓶的阀门，拔下乙炔软管，再开氧气气瓶的阀门，吹除残存在焊割炬内的余焰。

(12) 软管如果破裂漏气要及时处理。如发生火灾，应立即关闭氧气气瓶的阀门和乙炔气瓶的阀门，禁止用手对折软管灭火。乙炔气瓶的瓶口着火时应立即关闭阀门。

3. 作业后

(1) 关闭火焰时，应先关乙炔气瓶的阀门，后关氧气气瓶的阀门；将瓶阀关闭，旋松顶针，卸下氧气表、乙炔表；卸下焊炬，盘好软管，将气瓶送至指定位置。

(2) 工作结束后清理现场，消灭火种。

1.5 打磨室安全规程

试件打磨是焊接准备工作的重要部分，同时在打磨过程中容易发生触电、机械伤害等事故，掌握打磨室安全操作规程至关重要。

（1）打磨时必须戴好防尘口罩（或防护面罩）及护目镜。

（2）工作前，应检查砂轮有无损坏，安全防护装置是否完好，通风除尘装置是否有效。

（3）安装砂轮片前，必须检查砂轮片的破损情况，不准使用有裂纹或缺损的砂轮片；安装后必须牢靠无松动，严禁不使用专用工具而用其他外力工具敲打砂轮夹紧螺母。

（4）使用的电源插座必须装有漏电保护开关装置，并检查电源线是否有破损情况。

（5）打磨机在使用前必须进行试运转，查看砂轮片运行是否平稳正常，不允许有明显振动。

（6）打磨时应握牢打磨机手柄，用力不得过猛，以免发生砂轮片撞碎的现象。如出现砂轮片卡阻的现象，应立即提起打磨机，以免出现烧坏打磨机或砂轮片的破损；严禁站在砂轮正面操作，以防砂轮片破裂伤人。

（7）打磨机工作时间较长，机体温度出现烫手时，应立即停机，待自然冷却后再重新使用。

（8）打磨工作场所必须保持足够的照明，工作地点严禁吸烟及明火作业。

（9）使用手持电动砂轮机打磨时，必须有牢固的防护罩和加设保护接零线或配用漏电保护器，并遵守电动手砂轮安全操作规程。

（10）打磨机操作过程中，出现不正常声音或振动过大时，应立即停止进行检查。

（11）不得徒手抓住小零件对打磨机进行加工，避免出现伤人事故。

（12）工作完毕后，应切断电源，整理工具，清理现场后，方可离开岗位。

操作人员必须了解所使用的打磨机具的型号、规格、性能及主要结构，并掌握相应的操作技能，严格遵守安全使用说明，严禁超出设备规格使用。

如果发生机械伤害，碎片嵌入身体，切勿随意拔出，立即到医院进行处置，由医生负责清理。发生设备、工具漏电时，应立即关闭设备配电柜电源；如发生人员触电，不得用肢体接触触电者，应立即关闭电源，来不及关闭时应使用绝缘物体将带电物挑开。

1.6 手工电弧焊安全规程

手工电弧焊是一种人为手工控制焊条，焊条与焊件之间的电弧热，使焊条与焊件熔化形成焊缝的一种焊接方法。手工电弧焊因设备简单、操作方便、适应环境能力强，所以被广泛应用于各行各业的焊接作业中。但是，手工电弧焊安全隐患也最多，因此我们有必要熟知对手工电弧焊安全基础知识、设备工具及操作流程中要注意的安全事项，以便在焊接作业中避免事故的发生，保护自身安全。

1. 手工电弧焊常见的安全隐患

1）触电事故

焊接过程中，因焊工要经常更换焊条和调节焊接电流，当电气安全保护装置存在故障、劳动防护用品不合格、操作者违章作业时，就可能引起触电事故；电源线、电器线路绝缘老化，绝缘性能降低，也会导致漏电事故。主要采取绝缘、屏蔽、隔绝、漏电保护和个人防护等安全措施，避免人体触及带电体。

2）火灾爆炸事故

焊接过程中会产生电弧或明火，在有易燃物品的场所作业时，极易引发火灾。正式焊接前检查作业下方及周围是否有易燃易爆物，作业面是否有诸如油漆类防腐物质，如果有应事先妥善处理。

3）灼伤

焊接过程中会产生电弧、金属熔渣，如果焊工焊接时没有穿戴好专用的防护工作服，易造成焊工皮肤灼伤。焊工焊接时必须正确穿戴好焊工专用防护工作服、绝缘手套和绝缘鞋。

4）电光性眼炎

焊接时产生的强烈火光，对人的眼睛有很强的刺激伤害作用，长时间直接照射会引起眼睛疼痛、畏光、流泪、怕风等，易导致眼睛结膜和角膜发炎。根据焊接电流的大小，应适时选用合适的面罩、护目镜滤光片，配合焊工作业的其他人员在焊接时应佩戴有色眼镜。

5）光辐射

焊接中产生的电弧光含有红外线、紫外线和可见光，对人体具有辐射作用。焊接时焊工及周围作业人员应穿戴好劳动防护用品。禁止不戴电焊面罩、不戴有色睛镜直接观察电弧光；尽可能减少皮肤外露。

6）有害气体和烟尘

焊接过程中产生的电弧温度高达四千摄氏度以上，金属发生汽化，会产生大量有害烟尘；电弧光的高温和辐射，还会使周围空气产生臭氧、氮氧化物等有毒气体。焊接时，焊工及周围其他人员应佩戴防尘防毒口罩，减少烟尘吸入人体内。

在焊接作业时作业人员要做好防护，避免发生事故，保护自身安全。

2. 作业前准备

（1）必须按规定穿戴好劳动防护用品。

（2）焊接现场禁止把焊接电缆、气体软管、钢绳混绞在一起。

（3）露天作业遇到6级大风或下雨时，应停止焊接、切割作业。

（4）焊接作业场所必须有良好的通风措施。

3. 电焊机准备

（1）电焊机外壳应接地，绝缘应完好，各接点应紧固可靠。

（2）应防止电焊机受到碰撞或剧烈震动。

（3）禁止多台电焊机共用一个电源开关。

（4）电焊机应平稳地安放在通风良好、干燥的地方，不准靠近高热、易燃易爆危险的环境。

（5）电焊机上禁止放置任何物件，启动时电焊钳与焊件不准短路。

（6）电焊机发生故障时，必须切断电源由电工修理。

4. 焊钳准备

（1）必须有良好的绝缘性和隔热能力，电焊钳的手柄要有良好的绝缘层。

（2）电焊钳与电缆的连接应简便牢固，接地良好。

（3）电焊钳操作灵活，能夹紧焊条，并能安全方便地更换焊条。

5. 焊接电源准备

交流、直流电焊机的外壳必须装设保护性接地或接零装置。电焊机工作负荷不应超出规定，必须在允许的负载持续率下工作，不得任意长时间超载运行；电焊机应按时检修，保持绝缘良好。

6. 作业中

（1）检查接地或接零装置、绝缘及接触部位是否完好可靠等，安全检查后方可进行工作。

（2）更换焊条时一定要戴皮手套，禁止用手和身体随便接触二次回路的导电体。身体出汗、衣服潮湿时，切勿靠近带电的钢板或坐在焊件上工作。

（3）在金属容器内或在金属结构上焊接时，触电的危险性最大，必须穿绝缘鞋，戴皮手套，垫上橡胶板或其他绝缘衬垫，以保护焊工和保证焊件间绝缘；应设有监护人员，随时注意操作人员的安全动态，遇危险时立即切断电源并及时进行救护。

（4）只有认真学好手工电弧焊安全规程，才能在作业中保护自己，避免伤害。

习题

1. 常用的劳动防护用品有哪些？简述各自的使用注意事项。

2. 常用的焊接工器具有哪些？简述各自的使用注意事项。

3. 氧乙炔气割作业中的注意事项有哪些？

4. 氧乙炔气焊作业前应该做哪些准备？

5. 手工电弧焊常见的安全隐患有哪些？

模块 2
气焊与气割

2.1 气焊与气割概述

2.1.1　气焊原理、特点及应用

1. 气焊原理

气焊是利用可燃气体与助燃气体混合物燃烧的火焰去熔化焊件接缝处的金属和焊丝而达到金属间牢固连接的方法。气焊过程示意图如图 2-1 所示。

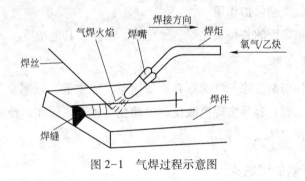

图 2-1　气焊过程示意图

2. 气焊特点及应用

（1）气焊具有加热均匀和缓慢的特点，能焊接薄板和低熔点材料（有色金属及其合金），同时由于气体火焰长度可随意调整，焊丝和火焰又是各自独立的，用来焊接需要预热和缓冷的工具钢、铸铁是比较有利的。

（2）由于其设备简单，操作灵活方便，成本低，无需电源，适用性好，因此气焊技术在工业生产、建筑施工中得以广泛应用，是金属材料加工的主要方法之一。

（3）气焊热量分散，热影响区及变形大，焊接接头质量不易保证。

2.1.2　气割原理、特点及应用

1. 气割原理

气割是利用可燃气体与氧气混合燃烧的火焰将工件切割处预热到燃点后，喷出高速切割氧流，使金属剧烈氧化并放出热量，利用切割氧流把熔化状态的金属氧化物吹掉，从而实现切割的方法。

金属气割的过程实质是金属在纯氧中的燃烧过程，而不是熔化过程。

气割过程是预热—燃烧—吹渣过程。但并不是所有金属都能满足这个过程的要求，只有符合一定条件的金属才能进行气割。

1）气割条件

（1）金属在氧气中的燃点应低于金属的熔点。

（2）气割时金属氧化物的熔点应低于金属的熔点。

（3）金属在切割氧流中的燃烧应是放热反应。

（4）金属的导热性不应太高。

（5）金属中阻碍气割过程和提高钢的淬透性的杂质要少。

符合上述条件的金属有纯铁、低碳钢、中碳钢和低合金钢及钛等。

2）预热火焰在气割中的功能

（1）预热火焰使钢的温度提高到燃点。

（2）增加工件的热能，以维持切割反应。

（3）对切割氧气流起保护作用。

（4）用来除去钢表面的各种氧化膜、氧化皮、油漆或其他杂质。

2. 气割特点及应用

作为常用的一种切割方法，气割具有设备简单、成本低，效率高，基本不受切割厚度与零件形状限制，而且容易实现机械化、自动化等优点，因而广泛应用于切割低碳钢和低合金钢零件、开焊接坡口等。

2.1.3 气焊与气割的优缺点

1. 气焊的优缺点

气焊的优点如下。

（1）设备简单，使用灵活。

（2）对铸铁和有色金属有较好的适应性。

（3）电力不足的地方能发挥更大的作用。

气焊的缺点是生产效率低，焊后容易变形，较难实现现代化。

2. 气割的优缺点

气割的优点是设备简单，使用灵活。

气割的缺点是对切口两侧金属的成分和组织产生一定的影响，以及造成被割工件的变形等。

2.1.4 气焊与气割的安全特点

（1）气焊与气割的主要危险是火灾和爆炸，因此防火防爆是气焊与气割的主要任务。

（2）气焊与气割过程中产生的有毒有害气体会引起焊工中毒。

一般情况下，气焊产生的有害因素相对电弧焊要少一些，但在 3 200 ℃火焰高温的作用下也会产生有害气体，尤其是在焊接铝、镁、铅和铜等有色金属及其合金时，也会产生有毒气体。

2.2 气焊与气割的材料

气焊与气割所用的材料包括气体、焊丝、焊剂。选择正确的材料对保证焊割质量有着重要的作用。

2.2.1　气焊与气割常用气体

气焊和气割常用的可燃气体有乙炔、液化石油气、氢气等，助燃气体是氧气。

1. 氧气

1）氧气的性质

在常温、常态下氧气是一种无色、无味、无毒的气体，比空气略重，微溶于水。常压下，氧气在-183 ℃时变为淡蓝色液体，在-218 ℃时变为雪花状淡蓝色固体。氧气是一种化学性质极为活泼的气体，它能与许多元素化合生成氧化物，同时放出热量。氧气本身不能燃烧，但却具有强烈的助燃作用。因此，当工业高压氧气一旦与油脂等易燃物质相接触，会发生剧烈的氧化反应而引起爆炸。所以在操作中，切不可使气焊设备及工具等沾染上油脂。

2）氧气的制取与储存

氧气的制取方法有化学法、水电解法和空气分离法。目前工业上一般采用空气分离法。空气分离法是根据液态氧和液态氮的沸点不同（分别为-183 ℃和-196 ℃），将空气压缩、冷却液化，然后再加热液化空气。当温度升高到-196 ℃时，氮气首先汽化逸出，氧气则必须继续升温到-183 ℃时才开始汽化，这时，氧气和氮气就被分离了，然后再经压缩机将氧气压缩到 12～15 MPa，装入氧气钢瓶，以便储运和使用。

3）纯度要求

为了保证气焊的质量，提高生产效率及减小氧气的消耗量，对于氧气的纯度要求是越高越好。工业所用氧气一般分为两级，气焊用的氧气等级见表 2-1。一级纯度氧气含量不低于 99.2%，二级纯度氧气含量不低于 98.5%。

表 2-1　气焊用的氧气等级

名称	等级	
	一级	二级
氧气体积分数/%	≥99.2	≥98.5
水含量/（mL/瓶）	≤10	≤10

在一般情况下，氧气厂和氧气站供应的氧气可以满足气焊的要求。对于质量要求更高的气焊应采用一级纯度氧气。气割时氧气纯度不应低于98.5%。

4）安全特点

氧气与油脂接触发生自燃，与可燃气体混合使爆炸极限范围变宽，所以氧气减压表必须禁油。

5）氧气使用安全要求

（1）严禁用以通风换气。

（2）严禁用于气动工具动力源。

（3）严禁接触油脂和有机物。

（4）禁止用来吹扫工作服。

2. 乙炔

1）乙炔的性质

乙炔又名电石气，是可燃气体，无色、带有臭味的碳氢化合物，化学式为C_2H_2。它与空气混合燃烧的火焰温度为2 350 ℃，而与氧气混合燃烧的火焰温度为3 000～3 300 ℃，因此足以熔化金属进行焊接。

乙炔是一种具有爆炸性的危险气体，属于危险化学品，使用时必须注意安全。

乙炔的自燃点（305 ℃）低，点火能量（0.019 mJ）小，在一定条件下，很容易因分子的聚合、分解发生爆炸。

当压力为150 kPa、温度达到580 ℃时，乙炔分解爆炸。压力越高，聚合作用能促进乙炔分解爆炸所需要的温度越低。

纯乙炔的分解爆炸性，首先取决于它的压力和温度，同时与接触介质、乙炔中的杂质、容器形状和大小有关。

乙炔的分解爆炸与容器的形状和大小有关。容器的直径越小，越不容易爆炸。在毛细管中，由于管壁冷却作用及阻力，爆炸的可能性会大为降低。目前使用的乙炔软管孔径都不太大，管壁也比较薄，能有效防止乙炔在管道内爆炸。

乙炔与铜或银长期接触后生成的乙炔铜（Cu_2C_2）和乙炔银（Ag_2C_2）是一种具有爆炸性的化合物，两者受到剧烈振动或加热到110～120 ℃时就会爆炸。所以，严禁用银或铜制造与乙炔接触的器具设备，但可用含铜质量分数不超过 70% 的铜合金制造。

乙炔与空气、氧气混合的爆炸性：乙炔在空气中的爆炸极限为 2.2%～81%，氧气中为 2.8%～93%，石油气中为 3.5%～16.3%。

乙炔和氯、次氯酸盐等反应会发生燃烧和爆炸，所以乙炔燃烧时，绝对禁止用四氯化碳灭火。

2）乙炔的制取与储存

工业用乙炔，主要利用水分解电石（CaC_2）产生，其化学反应如下：

$$CaC_2 + 2H_2O \rightarrow C_2H_2 \uparrow + Ca(OH)_2$$

乙炔能够溶解在许多液体中，特别是有机液体中，如丙酮等。在 15 ℃、0.1 MPa 时，1 L 丙酮能溶解 23 L 乙炔，在压力增大到 1.42 MPa 时 1 L 丙酮能溶解乙炔约 400 L。

将乙炔储存在毛细管内，可大大降低其爆炸性。可利用乙炔能大量溶解于丙酮溶液的特性，将乙炔装入乙炔瓶内（瓶内有丙酮溶液和活性炭）储存、运输和使用。

3）乙炔的毒性

乙炔中毒较少见，主要表现为中枢神经系统损伤。其症状轻度的表现为：精神兴奋、多言、嗜睡、走路不稳等；中度的表现为意识障碍、呼吸困难、发呆、瞳孔反应消失、昏迷等，也有表现为狂躁、无故苦笑等精神症状。

3. 液化石油气

石油气是石油炼制工业的副产品，主要成分是丙烷，占 50%～80%，其余是丙烯、丁烷、丁烯等，在常温和大气压力下，组成石油气的这些碳氢化合物以气态存在。但是只要加上不大的压力（一般为 0.8～1.5 MPa）即为液体，液化后便于装于瓶中储存和运输。在标准状况下，石油气的密度为 1.8～2.5 kg/m³，比空气重，但其液体的比重则比水、汽油轻。

石油气燃烧的温度比乙炔火焰温度低，丙烷在氧气中的燃烧温度为 2 000～2 850 ℃。用于气割时，金属预热时间稍长，但可减少切口边缘的过烧现象。

切割质量较好，在切割多层叠板时，切割速度比乙炔快 20%～30%，现已广泛用于钢材的切割和有色金属的焊接。

1）安全特点

（1）易挥发、闪点低，挥发点为 -42 ℃，闪点为 -74 ℃。

（2）石油气燃烧的化学反应式（以丙烷为代表）为：

$$C_3H_8 + 5O_2 = 3CO_2 + 4H_2O$$

由此可见，1 份石油气需要 5 份氧气与之化合（但实际需要比理论上多 10%），才能完全燃烧。

（3）能和空气形成爆炸性混合气体，但爆炸范围比较窄。

（4）气态石油气比空气重（比重约为空气的 1.5 倍），易于向低处流动而滞留积聚，液化石油气比汽油轻。

（5）对普通橡胶软管和衬垫有腐蚀，能引起漏气，必须采用耐油性强的橡胶软管和衬垫。

（6）石油气气瓶内的压力随温度升高而变大。压力为 0.1 MPa，在 20 ℃时为 0.7 MPa，40 ℃时为 2 MPa，所以石油气瓶与热源、暖气等应保持 1.5 m 以上的安全距离。

（7）有一定的毒性，会引起人的麻醉。

（8）使用时要先点火后开气。

2）安全使用要求

① 使用和储存石油气瓶的车间和库房的下水道排出口，应设置安全水封；电缆沟进出口应填装砂土，暖气沟进出口应砌砖抹灰，防止石油气窜入引发火灾或爆炸。

② 不得擅自倒出石油气残液，以防遇火成灾。

③ 必须使用耐油性强的橡胶，不随意更换衬垫和橡胶软管。

④ 点火时应先点燃引火物，然后打开气阀。

4. 氢气

氢气是一种无色无味的气体，密度只有空气的 1/14，比空气轻 14.38，是最轻的气体。氢氧焰的温度可达 2 770 ℃，具有很强的还原性。在高温下，它可以从金属氧化物中夺取氧而使金属还原。它广泛地被应用于水下火焰切割，以及某些有色金属的焊接和氢原子焊等。

氢与空气混合可形成爆鸣气，其爆炸极限为 4%～80%；与氧混合的爆炸极限为 4.65%～93.9%；与氯气混合达到 1：1 时，见光就爆炸。

5. 特利Ⅱ气

特利Ⅱ气主要以丙烯为原料，可辅以一定比例的添加剂，经过物理混合而成，用来代替溶解乙炔。与乙炔相比，特利Ⅱ气有以下特点。

（1）单瓶充装量是乙炔的 2.5～3 倍，增加了气瓶的使用周期。

（2）爆炸极限只有 2.4%～10.5%，而溶解乙炔则是 2.2%～81%，所以较乙炔安全，且无分解爆炸危险。

（3）使用过程中不发生回火。

（4）切割精度比溶解乙炔高，焊缝较光滑，而且在切割过程中没有熔渣回跳引起的灭火及回火引起的工作中断现象。

（5）不污染环境，对人体无害。

缺点是：预热时间稍长。

2.2.2　焊丝

焊丝在气焊中起填充金属作用，与熔化的母材一起形成焊缝。焊丝的化学成分影响着焊缝的质量，正确选择焊丝对气焊质量非常重要。

气焊对焊丝的要求如下。

（1）焊丝的化学成分应基本与焊件母材的化学成分相同，并保证焊缝有足够的力学性能和其他方面的性能。

（2）焊丝表面应无油脂、锈蚀和油漆等污物。

（3）焊丝应能保证焊接质量，如不产生气孔、夹渣、裂纹等缺陷。

（4）焊丝的熔点应等于或略低于被焊金属的熔点，焊丝熔化时应平稳，不应有强烈的飞溅和蒸发。

焊接低碳钢时常用焊丝牌号有 H08A、H08MnA 等，其直径一般为 2～4 mm。

除此之外，还有合金结构钢焊丝、不锈钢焊丝、铜及铜合金焊丝、铝及铝合金焊丝和铸铁气焊丝等。这些焊丝都有相应的国家标准，选用时可按焊件成分查表选择。常用钢焊丝的牌号及用途见表 2-2。

表 2-2 常用钢焊丝的牌号及用途

碳素结构钢焊丝			合金结构钢焊丝			不锈钢焊丝		
牌号		用途	牌号		用途	牌号		用途
焊 08	H08	焊接一般低碳钢结构	焊 10 锰 2	H10Mn2	用途与H08Mn相同	焊 00 铬 19 镍 9	H00Cr19Ni9	焊接超低碳不锈钢
			焊 08 锰 2 硅	H08Mn2Si				
焊 08 高	H08A	焊接较重要低、中碳钢及某些低合金钢	焊 10 锰 2 钼高	H10Mn2MoA	焊接普通低合金钢	焊 0 铬 19 镍 9	H0Cr19Ni9	焊接 18-8 型不锈钢
焊 08 特	H08E	用途与 H08A 相同，工艺性能较好	焊 10 锰 2 钼钒高	H10Mn2MoVA	焊接普通低合金钢	焊 1 铬 19 镍 9	H1Cr19Ni9	
焊 08 锰	H08Mn	焊接较重要的碳素钢及普通低合金钢结构	焊 08 铬钼高	H08CrMoA	焊接铬钼钢等	焊 1 铬 19 镍 9 钛	H1Cr19Ni9Ti	

碳素结构钢焊丝			合金结构钢焊丝			不锈钢焊丝		
牌号		用途	牌号		用途	牌号		用途
焊08锰高	H08MnA	用途与H08Mn相同，但工艺性能较好	焊18铬钼高	H18CrMoA	焊接结构钢，如铬钼、铬锰硅钢	焊1铬25镍13	H1Cr25Ni13	焊接高强度结构钢和耐热合金钢
焊15高	H15A	焊接中等强度工件	焊30铬锰硅高	H30CrMnSiA	焊接铬锰硅钢	焊1铬25镍20	H1Cr25Ni20	
焊15锰	H15Mn	焊接高强度工件	焊10钼铬高	H10MoCrA	焊接耐热合金钢			

2.2.3 气焊熔剂

在气焊过程中，被加热后的熔化金属极易与周围空气中的氧或火焰中的氧化合，生成氧化物，使焊缝产生气孔和夹渣等缺陷。所以，在焊接有色金属（如铜及铜合金、铝及铝合金）、铸铁及不锈钢等材料时，通常要采用气焊熔剂，以消除熔池中的氧化物，改善被焊金属的润湿性等。气焊低碳钢时不必使用气焊熔剂。

1. 气焊熔剂的作用

在高温作用下，气焊溶剂熔化后与熔池内的金属氧化物或非金属夹杂物作用生成熔渣，覆盖在熔池的表面，使熔池与空气隔离，从而防止了熔池金属的继续氧化，改善了焊缝的质量。作用有：保护熔池；减少有害气体的浸入；去除熔池中形成的氧化物夹杂；增加熔池金属的流动性。

2. 对气焊熔剂的要求

（1）气焊熔剂应具有很强的反应能力，即能迅速溶解某些氧化物或与某些高熔点化合物作用生成新的低熔点和易挥发的化合物。

（2）气焊熔剂熔化后应具有黏度小，流动性好，产生的熔渣熔点低，密度小，易浮于熔池表面。

（3）气焊熔剂应能减小熔化金属的表面张力，使熔化的填充金属与焊件更容易熔合。

（4）气焊熔剂不应对焊件有腐蚀等副作用，生成的熔渣要容易清除。

3. 常用的气焊熔剂

一般气焊低碳钢时不必使用气焊熔剂。但在焊接有色金属（如铜及铜合金、铝及铝合金）、铸铁及不锈钢等材料时，必须采用气焊熔剂。

气焊熔剂可以在焊前直接撒在焊件坡口上或者蘸在焊丝上。常用气焊熔剂的牌号、性能及用途见表 2-3。

表 2-3　常用气焊熔剂的牌号、性能及用途

名称	牌号	性能	用途
不锈钢及耐热钢气焊熔剂	CJ101	熔点为 900 ℃，有良好的浸润作用，能防止熔化金属被氧化，焊后熔渣易清除	用作不锈钢及耐热钢气焊时的气体熔剂
铸铁气焊熔剂	CJ201	熔点为 650 ℃，呈碱性反应，能有效地溶解在气焊时所产生的硅酸盐，有加速金属熔化的功能	用作铸铁件气焊时的气体熔剂
铜气焊熔剂	CJ301	系硼基盐类，熔点约为 650 ℃，呈酸性反应，能有效地熔解氧化铜和氧化亚铜	用作铜及铜合金气焊时的气体熔剂
铝气焊溶剂	CJ401	熔点约为 560 ℃，呈酸性反应，能有效地破坏氧化铝膜，因极易吸潮，在空气中能引起铝的腐蚀，焊后必须将熔渣清除干净	用作铝及铝合金气焊时的气体熔剂

2.3　气焊与气割的火焰

2.3.1　气焊与气割的火焰种类

焊接火焰直接影响到焊接质量和焊接效率。焊接火焰的分类包括氧炔焰、碳化焰及氢氧焰。

氧炔焰：乙炔与氧气混合燃烧形成的火焰，称为氧炔焰。氧炔焰具有很高的温度（约 3 200℃），加热集中，因此是气焊与气割中主要采用的火焰。

氢氧焰：是最早使用的气体火焰，由于燃烧温度（约 2 770 ℃）低且容易发生爆炸事故未被广泛采用，目前主要用于铅的焊接和水下切割。

液化石油气燃烧的温度（2 000～2 850℃）比氧炔焰低，主要用于金属的切割。切割时金属预热时间稍长，但可以减少切口边缘的过烧现象，切割质量较好。切割多层叠板时，切割速度比使用氧炔焰快 20%～30%，除广泛用于钢材切割外，还用于焊接有色金属。国外还采用乙炔液化石油气混合，作为焊接气源。

2.3.2　氧炔焰

氧炔焰的外形与氧气和乙炔的混合比有关。根据氧气与乙炔混合比的不同，可得到

三种不同性质的火焰，即中性焰、碳化焰和氧化焰。氧炔焰如图 2-2 所示。

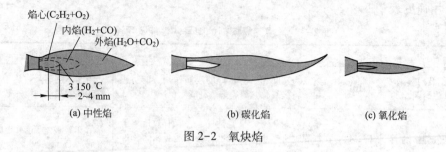

图 2-2　氧炔焰

1. 中性焰

氧气和乙炔的体积比为 1.1~1.2 时的混合气燃烧，形成的火焰叫中性焰。中性焰第一阶段燃烧既无过剩的氧又无游离的碳。氧气与丙烷的比值为 3.5 时，也可得到中性焰。

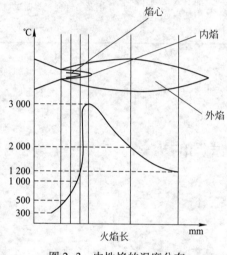

图 2-3　中性焰的温度分布

中性焰的三个显著区域，分别为焰心、内焰和外焰。焰心呈尖锥形，色白而明亮，轮廓清楚，但温度（800~1 200 ℃）较低。这是由于乙炔分解吸收了部分热量的缘故。内焰呈蓝白色，有深蓝色线条，温度最高，可达 3 100~3 150 ℃，称为焊接区。外焰由里到外由淡紫色变为橙黄色，生成物为二氧化碳和水。外焰温度为 1 200~2 500 ℃，由于二氧化碳和水在高温时容易分解，所以外焰具有氧化性。中性焰的温度分布如图 2-3 所示。

中性焰应用最为广泛，一般用于焊接碳钢、紫铜和低合金钢等。中性焰温度最高处在距离焰心末端 2~4 mm 的范围内，可达 3 150 ℃左右，此时热效率最高，保护效果也最好。因此，在气焊时焰心离焊件表面 2~4 mm 为宜。

2. 碳化焰

氧气与乙炔的体积比小于 1.1 时的混合气燃烧，形成的气体火焰叫碳化焰。因为乙炔有过剩，所以燃烧不完全。碳化焰的焰心较长，呈蓝白色，外焰特别长，呈橘红色，碳化焰的温度为 2 700~3 000 ℃。过剩的乙炔可以分解为氢气和碳，在焊接碳钢时，火焰中游离的碳会渗到熔池中去增加焊缝的含碳量，使焊缝金属的强度提高而使其塑性降低。氢渗入熔池，促使焊缝产生气孔和裂纹，因而碳化焰不能用于焊接低碳钢及低合金钢。但轻微碳化焰应用较广，可用于焊接高碳钢、中合金钢、高合金钢、铸铁、铝和铝合金等材料。

3. 氧化焰

氧气与乙炔的体积比大于1.2时的混合气燃烧，形成的火焰叫氧化焰。氧化焰中含有过剩的氧，在尖形焰心形成一个有氧化性的富氧区，氧化反应剧烈，使焰心、内焰、外焰的长度都缩短，内焰尤其短，几乎看不到。温度可达3 100～3 400 ℃，由于整个火焰具有氧化性，焊接一般碳钢时，就会造成熔化金属和合金元素的烧损，使焊缝金属氧化物和气孔增多，并增强熔池的沸腾现象，较大地降低焊接质量，所以一般材料的焊接决不能采用氧化焰。在焊接黄铜时，采用含硅焊丝，氧化焰会使熔池表层形成硅的氧化膜，减少锌的蒸发。因此，轻微氧化焰适用于黄铜、锰黄铜、镀锌钢板等材料的焊接。

2.4 气焊与气割的设备及工具

由于气焊与气割的设备简单，操作灵活方便，成本低，无须电源，适用性好，因此气焊与气割技术在工业生产、建筑施工中得以广泛应用。气焊与气割的设备及工具主要包括氧气气瓶、乙炔气瓶、减压器、焊炬、割炬等；辅助工具包括氧气软管、乙炔软管、点火枪及钢丝刷等。部分气焊与气割设备及连接如图2-4所示。

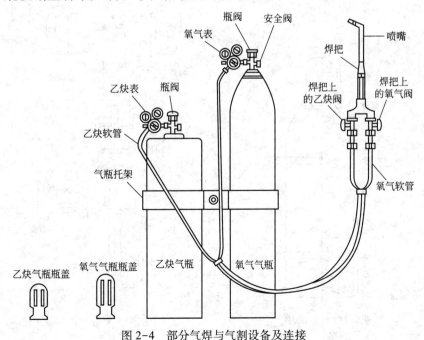

图2-4　部分气焊与气割设备及连接

2.4.1 气瓶

1. 常用气瓶

用于气割与气焊的氧气气瓶和氢气气瓶属于压缩气瓶，乙炔气瓶属于溶解气瓶，液化石油气气瓶属于液化气瓶。

1）氧气气瓶

氧气气瓶是储存和运输氧气的一种高压容器。由瓶体、胶圈、瓶箍、瓶阀和瓶帽组成，氧气气瓶的构造如图 2-5 所示。

（1）瓶体。瓶体是由合金钢经热挤压制成的圆筒形无缝容器。瓶体外装有两个胶圈，瓶体外表涂淡蓝色油漆，并用黑漆标注"氧"字样。

气瓶在出厂前，需要进行水压试验，试验压力是工作压力的 1.5 倍，其大小为 15 MPa×1.5＝22.5 MPa。

氧气气瓶一般使用三年后应进行复验，复验内容有水压试验和检查瓶壁腐蚀情况。

目前，我国生产的氧气气瓶规格，最常见的容积为 40 L，当瓶内压强为 15 MPa 时，氧气气瓶的储存量为 6 000 L，即 6 m^3。

（2）瓶阀。瓶阀是控制瓶内氧气进出的阀门。目前主要采用活瓣式瓶阀，如图 2-6 所示。这种瓶阀使用方便，可用扳手直接开启和关闭。

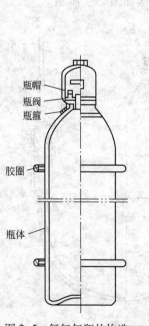

图 2-5 氧气气瓶的构造

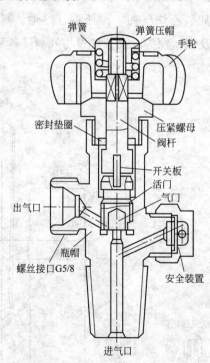

图 2-6 活瓣式氧气气瓶阀

使用时，如果将手轮按逆时针方向旋转，则开启瓶阀；顺时针旋转则关闭瓶阀。瓶阀的一侧装有安全膜。

2）乙炔气瓶

（1）瓶体。乙炔气瓶的瓶体是由低合金钢板经轧制、焊接制成的。与氧气气瓶相似，乙炔气瓶比氧气气瓶略短（长度 1. 12 m），直径略粗（直径 250 mm）。瓶体的外表涂成白色，并标注红色"乙炔""不可近火"字样。瓶内最高压力为 1. 5 MPa。

因乙炔不能在高压瓶内储存，所以乙炔气瓶的内部构造较氧气气瓶复杂得多，乙炔气瓶的构造如图 2-7 所示。乙炔气瓶内有微孔填料布满其中，而微孔填料中浸满丙酮，填料目前广泛采用硅酸钙。乙炔易溶于丙酮的特点，使乙炔稳定、安全地储存于乙炔气瓶中。

（2）瓶阀。乙炔气瓶的瓶阀构造如图 2-8 所示。乙炔气瓶的瓶阀与氧气瓶的瓶阀不同，它没有旋转手轮，活门的开启和关闭是利用方孔套筒扳手转动阀杆上端的方形头实现的。阀杆逆时针方向旋转，开启瓶阀；反之，关闭瓶阀。

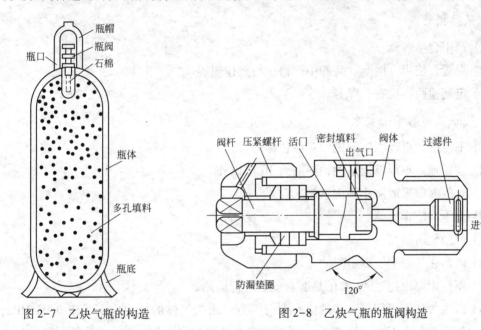

图 2-7 乙炔气瓶的构造   图 2-8 乙炔气瓶的瓶阀构造

瓶阀的阀体旁侧没有侧接头，因此必须使用带有夹环的乙炔减压器。

3）氢气气瓶

氢气气瓶承载压力为 15 MPa。与氧气气瓶构造相同，不同的是瓶体涂淡绿色漆，并用红漆标有"氢"字样，瓶阀出气口螺纹为反向。

4）液化石油气气瓶

液化石油气气瓶是储存液化石油气的专用容器，按用量和使用方式分别有 10 kg、15 kg、36 kg 等多种规格。材质选用 16Mn 钢或优质碳素钢，最大工作压力为 1. 6 MPa，水压试验为 3.0 MPa。工业用液化石油气，其气瓶外表涂银灰色，并用红漆标有"液化石油气"字样。

2. 气瓶发生爆炸事故的原因

（1）气瓶材质和制造缺陷。

（2）保管和使用不善，受日光暴晒、明火、热辐射等作用，瓶温过高、压力剧增，直至超过瓶体材料强度极限，发生爆炸。

（3）搬运装卸及坠落、倾倒、滚动，发生剧烈碰撞冲击。

（4）放气速度太快，气体迅速流经阀门时产生静电火花。

（5）氧气气瓶上沾有油脂，在输送氧气时急剧氧化。

（6）可燃气瓶（乙炔、氢气、液化石油气）发生漏气。

（7）乙炔气瓶内多孔物质下沉，产生净空间，使乙炔气瓶处于高压状态。

（8）乙炔气瓶处于卧放状态，或大量使用乙炔时出现丙酮随同其一起流出。

（9）石油气瓶充灌过满，受热时瓶内压力过高。

3. 预防措施

（1）选用合格气瓶。

（2）保管、使用、搬运、装卸中严格执行操作规程。

（3）定期检验、检查、保养。

4. 气瓶使用的安全要求

（1）不得擅自更改气瓶的钢印和颜色标记。

（2）放置地点不得靠近热源，距明火 10 m 以外。

（3）立放时应采取防止倾倒措施。

（4）夏季应防止暴晒。

（5）严禁敲击碰撞。

（6）严禁在气瓶上电焊引弧。

（7）不得用温度超过 40 ℃ 的热源对气瓶进行加热。

（8）瓶内气体不得用尽，必须留有剩余压力（永久气体的压力应不小于 0.05 MPa，液化石油气气瓶留有不少于 0.5%～1.0% 规定充装量的剩余气体），并关紧阀门，防止漏气。

（9）氧气气瓶的瓶阀不得沾有油脂，焊工不得用沾有油脂的工具、手套或油污工作服去接触氧气气瓶的瓶阀、减压器等。

（10）乙炔气瓶使用和存放时，应保持直立，不能横躺卧放，以防丙酮流出，引起燃烧爆炸。一旦要使用已卧放的乙炔气瓶，必须先使之直立 20 min 后再连接减压器使用。

（11）液化石油气气瓶点火时，应先点燃引火物，后再打开瓶阀，不要颠倒次序。

（12）气瓶投入使用后，不得对气瓶进行挖补、焊接修理。

2.4.2　减压器

减压器是将高压气体降为低压气体，并保持输出气体的压力和流量稳定不变的调节装置。

1. 减压器的作用

1）减压作用

由于气瓶内压力较高，而气焊时所需的工作压力却较小，因此需要用减压器，以把储存在气瓶内的高压气体降为低压气体，才能输送到焊炬内使用。

2）稳压作用

在气焊工作中，气瓶内的气体压力是时刻变化的，这种变化会影响气焊过程的顺利进行。因此，需要使用减压器保持输出气体的压力和流量都不受气瓶内气体压力下降的影响，以使工作压力自始至终保持稳定。

2. 减压器的分类

按用途不同，可分为氧气减压器和乙炔减压器，或分为集中式和岗位式减压器。

按构造不同，可分为单级式和双级式减压器。

按工作原理不同，可分为正作用式、反作用式及双级混合式减压器。

国内比较常用的是单级反作用式和双级混合式减压器。

3. 减压器的构造

乙炔减压器与乙炔气瓶的连接是用特殊的夹环，并用紧固螺栓加以固定，带夹环的乙炔减压器如图 2-9 所示。

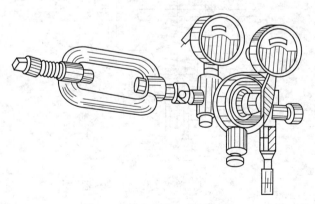

图 2-9　带夹环的乙炔减压器

单级式减压器按工作原理不同，可分为反作用式和正作用式两种，如图 2-10 和图 2-11所示。

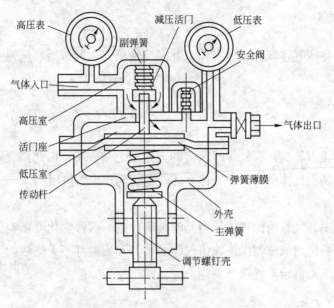

图 2-10　单级反作用式减压器

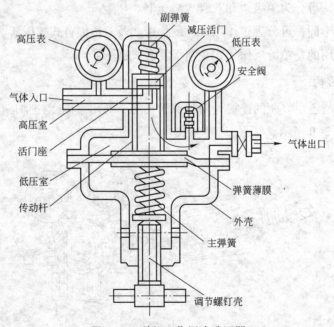

图 2-11　单级正作用式减压器

4. 减压器的安全使用方法

（1）氧气气瓶放气或开启减压器时动作必须缓慢。

（2）安装减压器前，要略打开氧气气瓶的瓶阀，吹除污物，以防灰尘和水分被带入减压器。开启瓶阀时，出气口不得对准操作者或他人，以防高压气体突然冲出伤人。

（3）装卸减压器时必须注意防止管接头滑丝扣滑牙，以免旋装不牢而射出。停止工作时应先松开减压器的调节螺钉，再关闭瓶阀，并慢慢放尽减压器内的气体，这样可以保护弹簧和减压活门免受损坏。

（4）减压器必须定期校修，压力表必须定期检验。

（5）减压器必须保持清洁。减压器上不得沾有油脂、污物；如有油脂，必须在擦拭干净后才能使用。

（6）各种气体的减压器及压力表不得调换使用。

2.4.3　焊炬

1. 焊炬的分类

按可燃气体与氧气的混合方式分为射吸式和等压式两类。

按可燃气体种类分为乙炔、氢、石油气等类型。

根据可燃气体压力不同，焊炬可分为低压焊炬和等压式焊炬。

按火焰数目分为单焰和多焰。

按使用方法分为手工和机械两类。

目前国内使用的焊炬多数为射吸式。在这种焊炬中，乙炔的流动主要靠氧气的射吸作用，所以不论使用中压或低压乙炔都能使焊炬正常工作。

2. 焊炬型号的表示方法

焊炬型号的表示方法如图 2-12 所示。

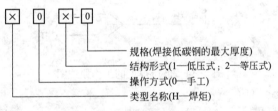

规格(焊接低碳钢的最大厚度)
结构形式(1—低压式；2—等压式)
操作方式(0—手工)
类型名称(H—焊炬)

图 2-12　焊炬型号的表示方法

常用的手工射吸式焊炬型号有 H01-2、H01-6、H01-12、H01-20。

常用的手工等压式焊炬型号有 H02-12、H02-20。

3. 低压焊炬的构造

由于等压式焊炬不能使用低压乙炔，所以很少采用。这里主要介绍低压焊炬。

可燃气体表压力低于 0.007 MPa 的焊炬称为低压焊炬。可燃气体靠喷射氧流的射吸作用与氧混合，故又称为射吸式焊炬。射吸式焊炬结构图，如图 2-13 所示。低压焊炬又分为换嘴式和换管式两种。

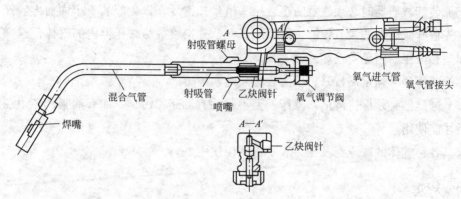

图 2-13　射吸式焊炬结构图

4. 低压焊炬的工作原理

如图 2-14 所示,为低压焊炬的工作原理图。打开氧气调节阀,氧气即从喷嘴口快速喷出,并在喷嘴外围造成负压(吸力),再打开乙炔调节阀,乙炔气即聚集在喷嘴的外围。由于氧射流负压的作用,聚集在喷嘴外围的乙炔很快地被吸入,并按一定的比例(体积比约为 1:1)与氧气混合,并以相当高的流速经过射吸管,混合后从焊嘴喷出。

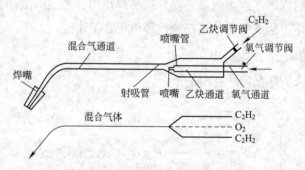

图 2-14　低压焊炬的工作原理图

5. 焊炬的安全使用

(1)射吸式焊炬,在点火前必须检查其射吸性能是否正常,以及焊炬各连接部位及调节手轮的针阀等处是否漏气。

(2)经以上检查合格后,才能点火。点火时先开启乙炔气调节阀,点燃乙炔并立即开启氧气调节阀,调节火焰。

(3)火焰停止使用时,应先关乙炔调节阀,以防止发生回火和产生黑烟。

(4)焊炬的各气体通路均不允许沾染油脂,以防氧气遇到油脂而燃烧爆炸。

(5)根据焊件的厚度选择适当的焊炬及焊嘴。并用扳手将焊嘴拧紧,拧到不漏气为止。

(6)在使用过程中,如发现气体通路或阀门有漏气现象,应立即停止工作;消除漏气后，才能继续使用。

（7）不准将正在燃烧的焊炬随手卧放在焊件或地面上。

（8）焊嘴头被堵塞时，严禁嘴头与平板摩擦，而应用通针清理，以消除堵塞物。

（9）工作暂停或结束后，应将氧气气瓶和乙炔气瓶关闭，顺序是先关乙炔阀，后关氧气阀，以防止回火和减少烟尘；将压力表的指针调至零位，同时还要将焊炬和软管盘好，挂在靠墙的架子上或拆下橡胶软管将焊炬存放在工具箱内。

6. 引起回火的主要原因

① 由于熔化金属的飞溅物、碳质微粒及乙炔的杂质等堵塞焊嘴或气体通道。

② 焊嘴过热，混合气体受热膨胀，压力增高，流动阻力增大，焊嘴温度超过400 ℃，部分混合气体即在焊嘴内自燃。

③ 软管受压、阻塞或打折等，致使气体压力降低。

上述三种原因造成混合气体的流动速度低于燃烧速度而产生回火。如果操作中发生回火，应急速关闭乙炔调节阀，再关闭氧气调节阀。

2.4.4 割炬

割炬是气割的主要工具，又称为割枪。它的作用是将可燃气体与氧气以一定的比例和方式混合后，形成具有一定热量的预热火焰，并在预热火焰的中心喷射出氧气进行气割。

1. 割炬的分类

按预热火焰中氧气和乙炔的混合方式，可分为射吸式割炬（也称低压割炬）和等压式割炬（也称中压式割炬）两种，其中以射吸式割炬的使用最为普遍。

按割炬用途不同可分为普通割炬、重型割炬及焊割两用炬等。

2. 射吸式割炬的构造及工作原理

1）构造

射吸式割炬的构造如图 2-15 所示，以射吸式焊炬为基础，增加了切割氧的气路和阀门，并采用专门的割嘴，割嘴的中心是切割氧的通道，预热火焰均匀地分布在它的周围。

割嘴根据具体结构不同，可分为组合式（环形）割嘴和整体式（梅花形）割嘴。割嘴的形状如图 2-16 所示。

2）工作原理

气割时，先开启预热氧气调节阀，再打开乙炔调节阀，使氧气与乙炔混合后，从割嘴喷出并立即点火。待割件预热至燃点时，即开启切割氧气调节阀。此时高速切割氧气流经割嘴的中心孔喷出，将切口处的金属氧化并吹除。

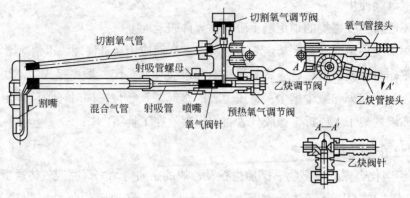

图 2-15　射吸式割炬的构造

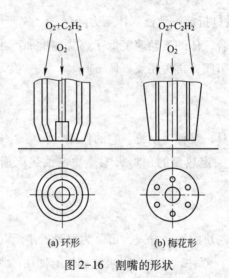

图 2-16　割嘴的形状

3. 割炬的安全使用方法

前面介绍的焊炬的安全使用也同样适合于射吸式割炬。但是，使用射吸式割炬时还应注意以下几点。

（1）在开始切割前，工作表面的厚漆皮、厚锈皮和油水污物等应加以清理，防止锈皮伤人。在水泥地面上切割时，在垫高工件或者被切割处工件下方垫上钢板，防止水泥地面爆皮伤人。

（2）在正常工作结束时，应先关闭切割氧气调节阀，再关闭乙炔调节阀和预热氧气调节阀。在回火时应快速地按以上顺序关闭各调节阀。

（3）进行切割时，应该经常用通针通开割嘴，以免发生回火。

（4）装配割嘴时，必须使内嘴与外嘴严格保持同心，这样才能保证切割用的氧气射流位于环形预热火焰的中心。

（5）内嘴必须与高压氧气通道紧密连接，以免高压氧漏入环形通道而把预热火焰吹灭。

2.4.5 辅助工具

气焊与气割部分辅助工具如图 2-17 所示。

辅助器具：通针、软管、点火枪、钢丝刷、錾子、锤子、锉刀、钢丝钳、活动扳手等。

防护用具：护目镜、工作服、手套、工作鞋、护脚布等。

图 2-17 气焊与气割部分辅助工具

1. 氧气软管和乙炔软管

氧气软管为蓝色，内径为 8 mm，工作压力 2 MPa，爆破压力 6 MPa；乙炔软管为红色，内径为 10 mm，工作压力 0.3 MPa，爆破压力 0.9 MPa。这两种软管不能互换，更不能用其他软管代替。

软管的长度一般不应小于 5 m。

软管的作用是输送气体，方便操作。

使用软管的安全要点如下。

(1) 必须保证在规定的耐压压力下使用。

(2) 新管要吹净内部滑石粉。

(3) 禁油，不得沾有油脂。

(4) 不得混用，专管专用，专门挂起保管。

(5) 无泄漏，无鼓包，连接要用专用接头并扎牢。

(6) 要保证各个方向有足够安全长度。

(7) 软管冻结时不得用火烤。

(8) 乙炔软管不得用氧气吹管。

2. 护目镜

护目镜的颜色应根据焊工的视力及被焊材料的性质来选择。一般选用 3～7 号的黄绿色镜片为宜。

3. 点火枪

使用手枪式点火枪最为安全方便。

4. 钢丝刷、錾子、锤子、锉刀

主要用来清理焊缝。

5. 钢丝钳和活动扳手等

主要用来连接和启闭气体通路。

2.5 气焊的工艺参数

气焊时合理选择气焊参数是保证焊接质量的重要条件。应该根据工件的成分、大小、厚薄、形状及焊接位置选用不同的气焊参数，如火焰性质、火焰能率、焊丝直径、焊嘴与工件间倾斜角度及焊接速度等。

气焊主要工艺参数包括焊丝的牌号和直径、熔剂、火焰种类、火焰能率、焊炬型号和焊嘴的号码、焊嘴倾角和焊接速度等。

2.5.1 接头形式和焊前准备

气焊的接头形式主要有对接接头、卷边接头和角接接头。对接接头是气焊采用的主要接头形式，卷边接头、角接接头一般只用在焊接薄板。焊接厚度小于 2 mm 的薄板采用卷边接头；焊接厚度大于 5 mm 的钢板需开坡口，但厚板很少用气焊。

气焊前，应将焊丝和焊接接头两侧 10～20 mm 内的油污、铁锈和水分等彻底清除。

2.5.2 焊丝的选择

焊丝起填充金属的作用，并且与熔化的母材一起形成焊缝。

1. 焊丝的型号、牌号

气焊所用的焊丝，其表面不涂药皮，其成分与工件基本相同。原则上要求焊缝与工件等强度，所以选用与母材同样成分或强度高一些的焊丝。气焊低碳钢一般用 H08A 焊丝。

焊丝的型号、牌号应根据焊件材料的力学性能或化学成分，选择相应性能或成分的焊丝。

2. 焊丝的直径

焊丝的直径是根据焊件厚度选择的。焊件厚度与焊丝直径的关系见表 2-4。

表 2-4　焊件厚度与焊丝直径的关系　　　　mm

工件厚度	1.0～2.0	2.0～3.0	3.0～5.0	5.0～10.0	10～15
焊丝直径	1.0～2.0 或不用焊丝	2.0～3.0	3.0～4.0	3.0～5.0	4.0～6.0

在火焰能率一定时，即焊丝熔化速度在确定的情况下，如果焊丝过细，则焊接时往往在焊件尚未熔化时焊丝已熔化下滴，这样容易造成熔合不良和焊波高低不平、焊缝宽窄不一等缺陷；如果焊丝过粗，则熔化焊丝所需要的加热时间就会延长，同时增大了对焊件的加热范围，使工件焊接热影响区增大，容易造成组织过热，降低焊接接头的质量。

2.5.3　气焊熔剂的选择

气焊熔剂的作用是除去气焊时熔池中形成的高熔点氧化物等杂质，并且熔渣覆盖在焊缝表面，使熔池与空气隔离，防止熔池金属氧化。

气焊所用的焊丝是没有药皮的金属丝。焊接合金钢、铸铁和有色金属时，熔池中容易产生高熔点的稳定氧化物，如 Cr_2O_3、SiO_2 和 Al_2O_3 等，使焊缝中夹渣。所以在焊接时，使用适当的气焊熔剂，可与这类氧化物结成低熔点的熔渣，以利于浮出熔池。

气焊熔剂的选择要根据焊件的成分及其性质确定。

一般情况下，焊接碳素结构钢时，无须使用熔剂；但在焊接有色金属、铸铁及不锈钢等材料时，必须采用气焊熔剂。

因为金属氧化物多呈碱性，所以一般焊接铜或铜合金、合金钢等都用酸性气焊熔剂，如硼砂、硼酸等。

焊接铸铁时，往往出现较多的 SiO_2，因此通常又会采用碱性气焊熔剂，如碳酸钠和碳酸钾等。

焊接铝及铝合金时用氟化钠、氟化钾。

通常用焊丝蘸在端部送入熔池。焊接低碳钢时，只要接头表面干净，不必使用气焊熔剂。

2.5.4　氧炔焰的种类及能率的选择

1. 火焰的性质

应根据焊件的不同材质，合理地选择火焰的性质。

一般来说，需要尽量减少元素的烧损时，应选用中性焰；对需要增碳及还原气氛时，应选用碳化焰；当母材含有低沸点元素时，需要生成覆盖在熔池表面的氧化物薄膜，以阻止低熔点元素的蒸发，选用氧化焰。

2. 火焰的能率

火焰的能率是指单位时间内可燃气体（乙炔）的消耗量。其物理意义是单位时间内可燃气体所提供的能量。

火焰的能率是以每小时可燃气体（乙炔）的消耗量（L/h）来表示的。而气体消耗量又取决于焊炬型号和焊嘴代号，因此火焰能率的大小是由焊炬型号和焊嘴代号决定的。焊嘴代号越大,火焰能率也越大。火焰能率的选择实际上是确定焊炬的型号和焊嘴代号。

在实际生产中,可根据焊件厚度、被焊金属的热物理性质(熔点、导热性)及焊接位置来选择。焊件厚度越大,金属熔点越高,导热性越好,火焰能率就越大。

在气焊低碳钢和低合金钢时,可按下列经验公式来计算。

左向焊法:乙炔消耗量 = (100~120)×钢板厚度 (L/h)

右向焊法:乙炔消耗量 = (120~150)×钢板厚度 (L/h)

根据计算所得的火焰能率,选择焊炬的型号和焊嘴代号。

焊件厚度大的火焰能率应大些;平焊时可选用稍大的火焰能率,以提高生产率;立焊、横焊、仰焊时火焰能率要适当减小,以免熔滴下坠造成焊瘤。

2.5.5 焊炬的倾斜角度

焊炬的倾斜角度是指焊嘴中心线与焊件平面之间的夹角。

焊炬的倾斜角度的大小,主要取决于焊件的厚度和母材的熔点及导热性。焊件越厚,导热性及熔点越高,应采用较大的焊炬倾角,使火焰的热量集中;相反则采用较小的倾角。

在焊接碳素钢时,焊炬的倾斜角与焊件厚度的关系如图 2-18 所示。

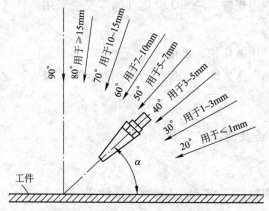

图 2-18 焊炬的倾斜角与焊件厚度的关系

在焊接开始时,采用的焊炬倾斜角为 80°~90°;在焊接过程中,一般为 45° 左右。在焊接结束时,可将焊炬的倾斜角减小,使焊炬对准焊丝加热,并使火焰上下跳动,断续对焊丝和熔池加热,这样做可填满弧坑,并避免烧穿。

在气焊中,焊丝和焊件表面的倾斜角一般为 30°~40°,它与焊炬中心线的角度为 90°~100°,焊炬与焊丝的位置如图 2-19 所示。

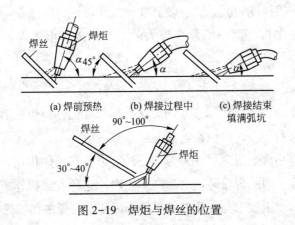

图 2-19　焊炬与焊丝的位置

2.5.6　焊接方向

气焊时,右手握焊炬,左手拿焊丝。按照焊炬和焊丝的移动方向,可分为右向焊法和左向焊法两种,如图 2-20 所示。

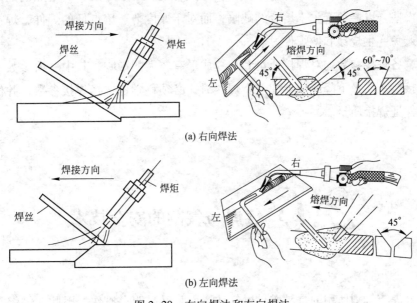

图 2-20　右向焊法和左向焊法

1. 右向焊法

右向焊法如图 2-20(a)所示。右向焊法是焊炬在前,焊丝在后。焊炬指向焊缝,焊接过程自左向右,焊炬在焊丝前面移动,焊炬火焰直接指向熔池,并遮盖整个熔池,使周围空气与熔池隔离。

右向焊法特点是焰心距熔池较近及火焰受焊缝的阻挡,火焰热量集中,热量的利用率也较高,使熔深增加,提高了生产率;火焰对焊缝有保护作用,容易避免气孔和夹渣。右向焊法适合焊接厚度较大、熔点较高及导热性较好的焊件。

但右向焊法不易掌握，而一般厚度较大的工件均采用电弧焊，因此右向焊法很少使用。

2. 左向焊法

左向焊法如图2-20（b）所示。左向焊法是焊丝在前，焊炬在后。焊炬指向焊件未焊部分，焊接过程自右向左，焊炬跟着焊丝走。

左向焊法的特点是火焰指向焊件未焊部分，对金属有预热作用，焊接速度较快，可减少熔深和防止烧穿，因此焊接薄板时生产率很高。这种方法操作方便，容易掌握，可以看清熔池，分清熔池中铁水与氧化铁的界线，因此左向焊法在气焊中被普遍采用。

左向焊法的缺点是焊缝易氧化，冷却较快，热量利用率低。

2.5.7　焊接速度

焊接速度应根据焊工的操作熟练程度，在保证焊接质量的前提下，尽量提高焊接速度，以减少焊件的受热程度并提高生产率。一般来说，对于厚度大、熔点高的焊件，焊接速度要慢些，以避免产生未熔合的缺陷；而对于厚度薄、熔点低的焊件，焊接速度要快些，以避免产生烧穿和使焊件过热。

综上，各焊接参数均对焊接质量和焊缝成形有较大的影响，其中一项参数的改变都会导致焊接接头质量下降或成形变差。焊接时，必须科学地选择焊接参数，并做到合理匹配，以保证焊接质量。

2.6 气焊与气割的安全技术

由于气焊与气割使用的是易燃易爆气体，而且又是明火操作，因此在气焊与气割过程中存在很多不安全因素。为了防止安全事故的发生，必须在操作中遵守安全规程并予以防护。

2.6.1　气焊与气割的一般安全要求

（1）从事气焊与气割的作业人员，必须经过培训、考试合格，取得特种作业人员操作证后，方可独立上岗操作。

（2）在禁火区内进行焊割前，必须实行动火审批制度，由有关部门出具动火许可证后，方可作业。

（3）作业时检查输气管所有连接处必须牢固可靠，气瓶、软管及工器具上均不得沾染油污，软管接头不得用紫铜材料制作，必须使用铜合金，含铜量应低于70%。

（4）氧气瓶与乙炔瓶的距离不得小于5 m，与明火的距离不得小于10 m，否则应采取隔离措施。

（5）检查设备附件及管路漏气，只准用肥皂水，周围不准有明火，不准吸烟。

（6）氧气气瓶、乙炔气瓶、减压器等，均采取防冻措施，一旦冻结应用热水解冻，禁止用火烘烤或敲打。

（7）禁止使用电磁、钢丝绳、链条吊运各类气瓶。

（8）严禁在带压的容器或管道上焊、割作业，焊（割）带电设备应先切断电源。

（9）作业人员必须按照要求佩戴劳动防护用品，进行登高作业时应有可靠和安全的工作面，必须佩戴安全帽、安全带，必要时设置安全网。

（10）高处切割作业时要采取防火、防烫、防割切物坠落的措施。严禁手持连接软管的焊炬爬梯登高，且不得将软管背在背上操作。

（11）焊（割）场地，应备有防火器材。高温季节时要防止氧气气瓶和乙炔气瓶暴晒。

（12）严禁使用氧气吹扫物件、衣服等或用作试压和气动工具的气源。

（13）工作完毕或离开工作现场，应将气瓶的气阀关好，拧上气瓶帽，清理、检查操作场地，确认无着火危险，方准离开。

（14）在容器及舱室内焊（割）时，要设监护人、通风装置和采取防火措施。停止工作时，应将焊（割）炬关好，并带出容器。

（15）应经常自检所用气瓶上的压力表是否完好，性能是否正常，并按规定向计量单位送检，以确保计量准确。

（16）雨、雪、雾及6级以上大风时要停止工作。

除了以上规定外，对气焊、气割的设备安全使用方面还有具体的要求。

2.6.2　气瓶

（1）氧气气瓶和乙炔气瓶及其他燃气瓶、油脂、易燃物品应分别存放，运输时必须罩上帽，氧气气瓶必须装设两个防震橡皮圈。

（2）开、闭气瓶时，要用专用工具，不得用铁扳手等易产生撞击火花的工具，动作要轻缓平稳，人要站在阀口的侧后方，并观察压力表指针是否灵活正常。乙炔气瓶开启不得超过一转半，一般情况只开启3/4转。

（3）安装减压阀时应先检查氧气气瓶阀门接头，不得有油脂，并略开氧气气瓶阀门，吹除污垢后，再侧身安装减压阀。关闭氧气气瓶阀门时，须先松开减压阀的活门螺丝（不可紧闭）。

（4）禁止单人肩扛气瓶，禁止用滚动方式搬运。

（5）乙炔气瓶必须配备符合安全要求的回火防止器。

（6）乙炔气瓶储存、搬运、使用时严禁卧放。对已卧放的乙炔气瓶必须直立并静置 20 min 以上，才能使用。乙炔气瓶不应放在橡胶等绝缘体上。

除了以上规定外，对气焊、气割的设备安全使用方面还有如下要求。

1. 氧气气瓶的安全使用方法

（1）氧气气瓶在使用时应直立放置，安放稳固，防止倾倒。只有在特殊情况下才允许卧放，但瓶头一端必须垫高，并防止滚动。

（2）在开启氧气气瓶时，焊工应站在出气口的侧面，先拧开瓶阀吹掉出气口内的杂质，然后再与氧气减压器连接。开启和关闭氧气气瓶的瓶阀时不要过猛。

（3）氧气气瓶及压力表的部位，均不得沾染油脂。

（4）氧气气瓶内的氧气不能全部用完，至少要保持 0.1～0.3 MPa 的压力，以便充氧气时便于鉴别气体性质及吹除瓶阀内的杂质，还可以防止使用中可燃气体倒流或空气进入瓶内。

（5）在夏季露天操作时，氧气气瓶应放在阴凉处，避免阳光的强烈照射。

2. 乙炔气瓶的安全使用方法

（1）乙炔气瓶在使用时只能直立放置，不能横放。

（2）乙炔气瓶应避免剧烈的振动和撞击，以免填料下沉形成空洞，影响乙炔的储存甚至造成乙炔气瓶爆炸。

（3）乙炔气瓶的表面温度不应超过 30～40 ℃。温度过高会降低乙炔在丙酮中的溶解度，使瓶内的乙炔压力急剧增高。

（4）工作时，使用乙炔的压力不能超过 0.15 MPa，输出流量不能超过 1.5～2.5 m^3/h。

（5）乙炔减压器与乙炔气瓶的瓶阀连接必须可靠，严禁在漏气的状况下使用。

（6）乙炔气瓶内的乙炔不能全部用完，当高压表的读数为零、低压表的读数为 0.01～0.03 MPa 时，应立即关闭瓶阀。

3. 减压器的安全使用方法

（1）在安装减压器之前，要略微打开氧气气瓶的阀门，吹除污物；同时还要检查减压器接头螺钉是否损坏，检查高压表和低压表的表针是否处于零位。

（2）在开启瓶阀时，瓶阀出气口不得对准操作者或者他人；并应将减压器的调压螺钉旋松，使其处于非工作状态，以免开启瓶阀时损坏减压器。

（3）在气焊工作中，必须注意观察工作压力表的压力数值。

（4）减压器上不得沾染油脂、污物。如有油脂，应擦拭干净再用。

（5）严禁各种气体的减压器及压力表替换使用。

（6）减压器若有冻结现象，应用热水或水蒸气解冻，绝不能用火焰烘烤。

2.6.3　橡胶软管

（1）橡胶软管接头处必须用专用卡子，或退火的金属丝卡紧扎牢。

（2）氧气软管为蓝色，乙炔软管为红色，与焊（割）炬连接时，不得接错。

（3）橡胶软管禁止接触高温管道、电线和热的物件；经过车行道时，应加护套或盖板保护。

（4）作业中若遇氧气软管着火时，不得弯折软管，应迅速关闭氧气阀门，停止供氧；乙炔软管着火时，应先关炬火，可用弯折软管的办法灭火。

2.6.4　焊（割）炬

（1）通透焊嘴应用铜丝或竹丝，禁止用铁丝。

（2）使用前应检查焊（割）炬是否完好，然后检查焊（割）炬的焊射吸能力。接上乙炔软管时，先应检查乙炔气流是否正常，然后接上氧气软管。

（3）依据工件厚度，选择适当的焊（割）炬及焊（割）嘴，避免使用焊炬切割较厚的金属，应用小割嘴切割厚金属。

（4）当焊（割）炬由于强烈的加热，而发出"辟啪"的炸响声时，必须立即关闭乙炔供气阀门，并将焊（割）炬放入水中进行冷却。注意关好氧气阀。

（5）短时间休息时，必须把焊（割）炬的阀门关门，不准将焊（割）炬放在地上。

2.6.5　操作

（1）点火前，应迅速开启焊（割）炬阀门，用氧吹喷嘴出口，不准对准人脸试风。

（2）点火时，焊（割）炬不准对人，燃烧着的焊割炬不准放在地面或工件上。

（3）射吸式焊（割）炬点火时，应先微开焊（割）炬上的氧气阀门，再开乙炔阀门点火，然后分别调节阀门来控制火焰。

（4）进入容器内焊（割）时，点火和熄火要在容器外进行。

（5）若发现氧气阀门失灵或损坏，不能关闭时，应让瓶内氧气自由逸尽后，再进行拆卸修理。

（6）集中供气，作业中产生回火时，软管或回火防止器上喷火，就迅速关闭焊（割）炬上的氧气阀门和乙炔阀门，再关上一级氧气阀门和乙炔阀门，然后采取灭火措施。

（7）切割生产时，先要检查并清除周围易燃易爆物品，使用割枪（或焊枪）时注意周围其他人员，严禁面对人员点火。

2.7 气焊的基本操作及操作要点

2.7.1 基本操作

气焊的基本操作主要包括：气焊火焰的点燃、调节和熄灭，焊炬和焊丝的运动。

1. 气焊火焰的点燃、调节和熄灭

1）焊炬的握法

右手持焊炬，拇指位于乙炔阀门处，食指位于氧气阀门处，以便随时调节气体流量，其他三指握住焊炬柄。

2）火焰的点燃

先逆时针方向微开氧气阀门，再逆时针方向打开乙炔阀门，使氧气和乙炔在焊炬内形成混合气体并从焊嘴喷出，此时将焊嘴靠近火源点火。并立即调节火焰。

在点火时，拿火源的手不要正对焊嘴，也不要将焊嘴指向他人，以防烧伤，点火姿势如图 2-21 所示。

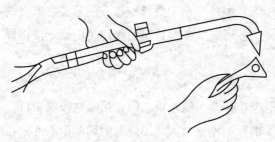

图 2-21　点火姿势

3）火焰的调节

（1）火焰调节。刚点燃的火焰多为碳化焰。

由碳化焰调成中性焰时：应逐渐增加氧气的供给量，直至火焰的内焰、外焰无明显的界限，焰心有淡白色火焰闪动，即获得中性焰。

由中性焰调成氧化焰时：继续增加氧气或减少乙炔，可得到氧化焰。

由中性焰调成碳化焰时：增加乙炔或减少氧气，可得到碳化焰。

（2）火焰能率调节。如果先减少氧气，后减少乙炔，可减小火焰能率；相反，如果先增加乙炔，后增加氧气，可增大火焰能率。

4）火焰的熄灭

先顺时针方向旋转乙炔阀门，直至关闭乙炔；再顺时针方向旋转氧气阀门关闭氧气。

应当注意的是，关闭阀门时以不漏气为准，不要关得太紧，以防磨损太快，降低焊炬的使用寿命。

5）回火现象的处理

在气焊工作中有时会发生气体火焰进入喷嘴内而逆向燃烧的现象，这种现象称为回火。

发生回火的根本原因是混合气体从焊炬的喷射孔内喷出的速度小于混合气体燃烧速度。

混合气体的燃烧速度一般是不变的，如果由于某些原因使气体的喷射速度降低时，就有可能发生回火现象。

一般影响气体喷射速度的原因如下。

（1）输送气体的软管太长、太细，或者软管打褶使气体流动时受阻，降低了气体的流速。

（2）焊接时间过长或者焊嘴距离焊件太近，使焊嘴温度过高，导致焊炬内的气体压力增高，从而增大了混合气体流动的阻力，降低了气体的流速。

（3）焊炬喷嘴端面黏附了过多的飞溅物而堵塞了喷射孔，使混合气体流通不畅。

（4）输送气体的软管内有残留水分而增加了气体的流动阻力，或气体软管内存在氧、乙炔混合气体等。

回火处理方法：一旦回火（氧炔焰爆鸣熄灭，并发出"吱吱"的火焰倒流声），应该迅速关闭乙炔阀门和氧气阀门，切断乙炔和氧气的来源。当回火焰熄灭之后，再打开氧气阀门，将残留在焊炬内的余焰和烟灰彻底吹除，重新点燃焊炬继续进行工作。若工作时间很长，焊炬喷嘴过热可放入水中冷却，清除喷嘴上的飞溅熔渣后，再重新使用。

2. 焊炬和焊丝的运动

焊炬和焊丝的运动包括三个动作，如图 2-22 所示。

1）焊炬和焊丝沿焊缝纵向移动

两者沿焊缝做纵向移动，不断地熔化焊件和焊丝，形成焊缝。气焊时常用焊炬和焊丝的摆动方法如图 2-23 所示。

2）焊炬沿焊缝横向移动

焊炬沿焊缝做横向摆动，充分加热焊件，利用混合气体的冲击力搅拌熔池，使熔渣浮出。

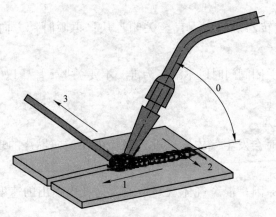

图 2-22　焊炬和焊丝的运动

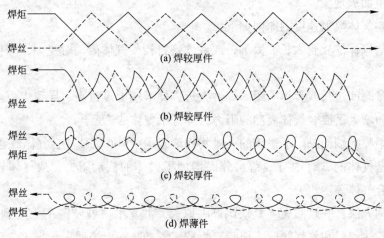

图 2-23　气焊时常用焊炬和焊丝的摆动方法

3) 焊丝沿垂直焊缝方向跳动式送进

焊丝在垂直方向送进并做上下跳动，以控制熔池热量和给送填充金属。

2.7.2　气焊的操作要点（平敷焊）

1. 起焊

操作方法：在起焊时，由于焊件温度很低，这时焊炬的倾斜角度应大些，对准焊件始端进行预热，同时焊炬做往复移动，尽量使起焊处加热均匀，预热范围 40～60 mm，然后再回到起焊处，使焰心距焊件表面 2～4 mm，当钢板表面由红色半熔化状态变为白亮而清晰的熔池时，便可填充焊丝。将焊丝熔滴滴入熔池熔合后立即抬起焊丝，焊炬向前移动形成新的熔池。

若用左向焊法时，焊炬与焊丝端头的位置如图 2-24 所示。

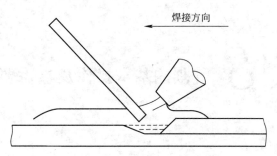

图 2-24　焊炬与焊丝端头的位置

2. 焊道的接头

操作方法及注意事项：在焊接中途停顿又继续施焊时，应将火焰移向原熔池的上方，重新加热熔化，当形成新的熔池后再填加焊丝，开始续焊。续焊位置应与前焊道重叠 5～10 mm，重叠焊道可不填加或少填加焊丝，以保证焊缝的余高焊缝成形圆滑过渡。

3. 焊道的收尾

焊件端部散热条件差，应减小焊炬的倾斜角，增加焊接速度，并多加一些焊丝，以防熔池扩大而烧穿。

为防止收尾时空气侵入熔池，应用温度较低的外焰保护熔池，直至熔池填满，使火焰缓慢离开熔池。

在焊接过程中，焊炬倾角是不断变化的。在预热阶段为 50°～70°，在正常焊接阶段 30°～50°，在结尾阶段为 20°～30°。焊炬倾斜角在焊接过程中的变化如图 2-25 所示。

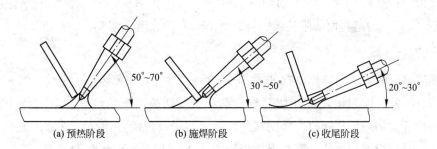

(a) 预热阶段　　　　(b) 施焊阶段　　　　(c) 收尾阶段

图 2-25　焊炬倾斜角在焊接过程中的变化

2.8 气割的基本操作及操作要点

2.8.1 气割基本操作技术

1. 操作姿势

气割时，一般采用以下操作姿势：双脚呈外"八"字形蹲在工件的一旁，右臂靠住右膝盖，以便移动割炬；右手握住割炬手柄，并以右手的拇指和食指控制预热氧气的调节阀，便于随时调整预热火焰和预热氧气的调节阀，同时起到掌握气割方向的作用，其余三指平稳地托住混合气软管；左臂悬空在两脚中间，中指从切割氧气软管和混合气软管之间穿过，拇指和食指控制切割氧气管的阀门，无名指和小手指处于混合气管下方，平稳地托住混合气软管。操作时下身不要弯得太低，呼吸要有节奏，眼睛应注视工件、割嘴和切割线。

2. 点火

点火前应先检查割炬的射吸能力。将割炬的氧气接通，打开预热氧气调节阀手轮，用左手拇指轻触乙炔软管接头。当手指感到有吸力时，则说明割炬射吸性能良好，可以使用。

点火时，先稍打开预热氧气阀门，再打开乙炔阀门，开始点火，将火焰调成中性焰或轻微氧化焰；然后打开割炬上的切割氧开关，并增大氧气流量，使切割氧流的形状（即风线形状）成为笔直而清晰的圆柱体，并有一定的长度。

3. 起割

先预热钢板的边缘，预热位置如图 2-26 所示。待边缘呈现亮红色时，将火焰局部移出边缘线以外，同时慢慢打开切割氧气阀。当看到被预热的红点在氧气流中被吹掉时，进一步开大切割氧气阀门，看到割件背面飞出亮黄色的氧化金属渣时，证明工件已被割透。此时应根据工件的厚度，以适当的速度从右边向左移动进行切割。

对于中厚钢板的切割，应从工件边缘棱角处开始预热，准确地控制割嘴与工件的垂直度。将工件预热到切割温度时，逐渐开大切割氧压力，并将割嘴稍向气割方向倾斜 $5°\sim10°$（如图 2-27 所示）。当工件边缘全部割透时，再加大切割氧流量，并使割嘴垂直于工件，进入正常气割过程。

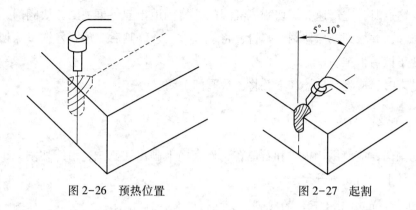

图 2-26 预热位置　　　　　　　　图 2-27 起割

4. 正常气割过程

在整个气割过程中，割炬的移动速度要均匀，割嘴距工件表面的距离要保持一定。

在气割过程中，若出现鸣爆和回火现象，必须迅速关闭预热氧气阀门和切割氧气阀门，切断氧气供给，防止出现回火。如果仍然听到割炬里还有"嘶嘶"的响声，则说明火焰没有完全熄灭。此时，应迅速关闭乙炔气瓶的阀门，或者拔下割炬上的乙炔软管，将回火的火焰排出。以上处理待正常后，要重新检查割炬的吸射力，然后才允许重新点燃割炬进行切割。

在中厚钢板的正常气割过程中，割嘴要始终垂直工件做横向月牙形或"之"字形摆动。割嘴沿切割方向横向摆动如图 2-28 所示。

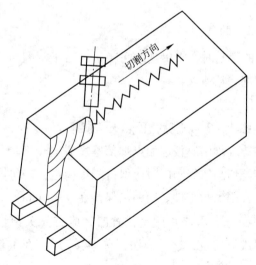

图 2-28 割嘴沿切割方向横向摆动示意图

5. 停割

气割过程临近终点时，割嘴应沿气割方向的反方向倾斜一个角度，以便使钢板的下部提前割透，使切口在收尾处整齐美观。

当达到终点时，应迅速关闭切割氧气阀门并将割炬抬起，再关闭乙炔阀门，最后关闭预热调节阀，并松开减压器调节螺钉，将氧气放出。停割后，还要仔细清除切口边缘的挂渣，便于以后加工。

工作结束时，应将减压器卸下并将乙炔阀门关闭。

2.8.2　气割操作要点

氧气切割前，应使用钢板尺和石笔在工件表面上画出切割线，沿线切割，工件需置于耐高温工件上，将切割部位悬空。

1. 薄板（4 mm 及以下）的气割

4 mm 及以下厚度钢板气割时，常出现的问题是：割口背部易粘渣，割口正面棱角易被熔化，钢板易变形，割口易黏合。

为了得到高质量的割口，薄板的切割应注意以下几点。

（1）采用 G01-30 型割炬 1 号割嘴，预热火焰能率要低。

（2）切割时，应将割嘴沿切割方向的反向倾斜一定的角度（30°～60°），以防止切割处过热而熔化。

（3）采用较快的切割速度。

（4）割炬与割件表面的距离应保持 10～15 mm。

（5）对于由于钢板较薄，切割者最好不要蹲在薄钢板之上，以避免产生过大变形，影响切割质量。

2. 中厚板（12 mm）的气割

中厚板（12 mm）的气割时，常出现的问题是：由于割嘴与工件表面距离变化造成割口宽窄不一，割口背部易粘渣。

切割时主要注意以下几点。

（1）选用 G01-30 型割炬 2 号割嘴，预热火焰能率适中。

（2）预热时，应将待气割中厚板起始点端部厚度方向全部均匀预热，防止起割部位出现割不透的现象，打开切割氧气阀门时应保持割炬稳定，切勿抖动。

（3）切割速度均匀，割嘴与工件表面距离保持在 4～5 mm。

（4）切割过程中，操作者需停止调整位置时，应首先关掉切割氧气阀门，停止切割，待移动好位置后再进行切割，这种做法俗称"接刀"。在重新切割时，要在原来的停割处进行预热。

（5）气割时除了要仔细观察割嘴和割缝外，同时要注意，当听到"噗噗"声时为割穿，否则未割穿。

（6）气割过程中，若出现爆鸣和回火现象，应迅速关闭切割氧气阀门，火焰会自动在割嘴外正常燃烧；如果在关闭阀门后仍然听到割炬内还有"嘶嘶"的响声，说明火焰还没有熄灭，应迅速关闭乙炔阀门。

（7）切割至钢板末端时，割嘴应沿气割方向略向后倾斜一个角度，停割后要仔细清除割口周边上的挂渣。

3. 厚板（30 mm）的气割

厚板（30 mm）的气割时，常出现的问题是：后拖量相对较大，割口呈现上宽下窄，操作不当时易发生回火，割口背部易粘渣。

厚板的切割应注意以下问题。

（1）选用 G01-100 型割炬 2 号割嘴，提高预热火焰能率，割嘴至工件表面 3～5 mm。

（2）预热和起割。起割前，割嘴和切割线两侧平面的夹角为 90°，割嘴向切割方向倾斜 20°～30°，用较大能率的预热割件上边缘的棱角处，预热到燃烧温度时（呈现亮红色），再缓慢打开切割氧气阀门。当割件上边缘被割穿时，即可加大切割氧流，并使割嘴垂直于割件，沿切割线缓慢向前移动时做横向月牙形摆动。

（3）临近割缝末端时，由于散热条件的改变，应适当加快切割速度，防止割口上边缘棱角熔化，出现融合现象。

切割至末端，应将割嘴沿着切割方向倾斜 20°～30°，适当放慢切割速度，确保下半部分割透。

在气割过程中，若遇到割不穿的情况时，应立即停止气割，以免发生气体涡流，使熔渣在切口中旋转，切割面产生凹坑。重新起割时应选择另一端作为起割点。

气割钢板时，应根据板厚选择合适的火焰能率，割嘴至工件表面为 3～5 mm。厚板切割难度较大，容易出现起割处和末端割不透的问题。起割时，可将割炬沿切割方向倾斜 20°～30°。首先将上半部分棱角割穿，然后立即将割炬垂直于工件表面，并加大火焰能率；割至末端，将割炬沿切割方向后方倾斜 20°～30°，以减小后拖量，确保割透。

习题

1. 什么是气焊？什么叫气割？气焊与气割的原理和特点各是什么？

2. 氧炔火焰根据混合比的不同分为哪几种火焰？简述其各自的性质及应用范围。

3. 减压器的作用是什么？减压器分为哪几类？

4. 什么是回火？回火发生的主要原因是什么？如何防止回火？

模块 3

焊条电弧焊

学习目标

1. 掌握 T 形接头平角焊、板对接平焊、立焊。
2. 学会板对接横焊、仰焊实作。
3. 学会管对接垂直、水平固定焊实作。

3.1 T形接头平角焊

T形接头平角焊施工图如图 3-1 所示。

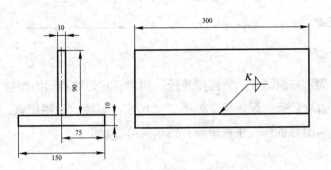

技术要求：$K=(10\pm1)$mm，截面为等腰直角三角形

图 3-1　T形接头平角焊施工图

3.1.1　T形接头平角焊介绍及操作分析

T形接头平角焊，两块钢板互为 90° 并呈 T 形进行连接。T形接头平角焊是一种常见的焊接接头形式。由于两块钢板有一定的夹角，降低了熔敷金属和熔渣的流动性，容易形成夹渣和咬边等缺陷。所以操作中，电流要大于平焊时的电流，焊条角度必须准确。当两块钢板厚度不同时，焊条角度也要变化，原则是将电弧的能量对准厚的钢板。

填写焊接工艺表，见附录 A。

3.1.2　T形接头平角焊缝的实作过程

1. 安全技术

正确穿戴劳动防护用品，劳动防护用品必须完好无损；清理工作场地，不得有易燃易爆物品；检查焊机和所使用的工具；操作时必须是先戴面罩然后才开始操作，避免电弧光直射眼睛；焊接电缆、焊钳完好，焊把线接地良好。

2. 焊前准备

试板表面清理干净，不能有铁锈、油污等杂质，画出装配线。焊机准备，地线接好，调节工艺参数。场地清理，焊把线理顺，场地内不能有易燃易爆物品和其他杂物，保持整洁。

3. 工艺参数

工艺参数见表3-1。

表 3-1　工 艺 参 数

板厚/mm	焊条型号	焊条直径/mm	焊接电流/A	焊缝层次
8～10	E4303	3.2	110～130	1
		4	160～200	2
		4	160～180	3

4. 操作要领

（1）装配点固：按照画好的装配定位线，用与正式焊缝相同的焊条。

（2）打底：直线运条，焊条角度如图3-2所示。焊接时采用短弧，速度要均匀，焊条中心与焊缝夹角中心重合，注意排渣和铁水的熔敷效果。

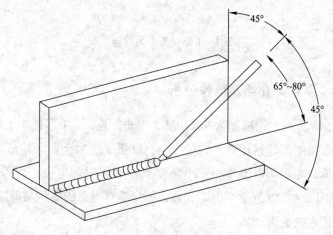

图 3-2　焊条角度

（3）第二道焊缝：直线运条，运条平稳，第二道焊缝要覆盖第一道焊缝的1/2～2/3，焊缝与底板之间熔合良好，边缘整齐。

（4）第三道焊缝：操作同第二道焊缝，要覆盖第二道焊缝的1/3～1/2，焊接速度均匀，不能太慢，否则易产生咬边或焊瘤，使焊缝成形不美观。焊接层数及焊条角度如图3-3所示。

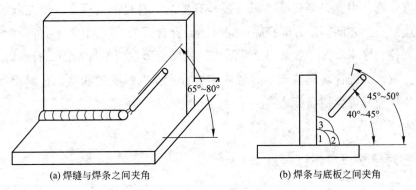

(a) 焊缝与焊条之间夹角　　　　(b) 焊条与底板之间夹角

图 3-3　焊接层数及焊条角度

3.1.3　焊接难点与技巧

1. 打底焊

（1）焊条角度和运条方法：焊条角度一定要准确，焊条中心必须与钢板夹角中心线重合。采用直线运条方法，电弧对准钢板顶角，电弧压低，顶角和两侧钢板熔合良好。

（2）焊缝端头（开头和结尾）：这两个地方焊接时有磁偏吹，在此要适当调整焊条角度。

（3）接头：接头前在弧坑前 10～15 mm 处引弧，拉回到弧坑处，沿弧坑形状填满弧坑后再正常焊接。

2. 盖面焊

（1）焊前清理干净熔渣和飞溅物。

（2）先焊下面再焊上面。焊接时焊条中心分别对准打底焊缝与水平钢板、垂直钢板的夹角中心，焊条角度有适当变化。

（3）焊缝表面应光滑，略呈内凹，避免立板侧出现咬边。焊脚对称并符合尺寸要求。

3.2 板对接平焊

单面焊双面成型的用途：在锅炉和压力容器的生产中，由于封闭的容器内不能焊接，同时为了保证焊缝的强度，所以只能用单面焊双面成型技术。

单面焊双面成型的操作较难掌握，一般焊接操作时要避免焊穿，而单面焊双面成型要求背面有焊缝，也就是要焊穿，只不过是有控制、有目的的焊穿。要在背面有焊缝，只有在焊接第一层才能实现，即打底；同时还要有合适的装配间隙。另外，由于是单面焊，所以要控制好变形，一般采用反变形法，其反变形量要掌握恰当。打底时，熔孔不易观察和控制，焊缝背面易造成未焊透或未熔合；在电弧吹力和熔化金属重力作用下，背面易产生焊瘤或焊缝超高等缺陷。

填写焊接工艺卡，见附录 A。

3.2.1 板对接平焊实作过程

1. 安全技术

正确穿戴好劳动防护用品，劳动防护用品必须完好无损；清理工作场地，不得有易燃易爆物品；检查焊机和所使用的工具；操作时必须是先戴面罩然后才开始操作，避免电弧光直射眼睛；焊接电缆、焊钳完好，焊把线接地良好。

2. 焊前准备

钢板表面清理干净，不得有铁锈、油污等杂质。焊机准备，地线接好。调节工艺参数。场地清理，焊把线理顺，场地内不能有易燃易爆物品和其他杂物，保持整洁。

3. 工艺参数

工艺参数见表 3-2。

表 3-2 工 艺 参 数

焊条型号	焊接层次		焊条直径/mm	焊接电流/A	电流极性
E4303	打底（一道）	连弧法	3.2	80～90	交流或直流
		灭弧法	3.2	95～105	
	中间层（二、三道）		3.2	100～120	
			4.0	160～175	
	盖面（四道）		4.0	150～165	
			3.2	95～115	

4. 操作要领

1）装配点固

用正式焊接同样的焊条在焊缝背面两端进行点固，定位焊缝长 10 mm；装配间隙 3～4 mm，一头窄，一头宽，反变形 2°～3°，错边量不大于 1 mm，如图 3-4 所示。

2）打底焊（第一层焊缝）

将装配好的试板放在用槽钢或角钢制作的工装上，在试板端定位焊缝处引弧间隙窄的一端放在下方并从该侧开始焊接。操作采用连弧法或灭弧法。由于灭弧法较为容易掌握并容易控制熔池，所以初学者先学习灭弧法。

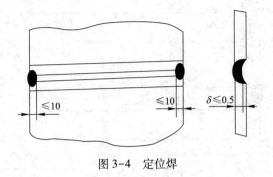

图 3-4　定位焊

3）中间层（填充层）焊接

焊接前先将焊道焊缝的熔渣清理干净。采用月牙形或"之"字形运条，运条时焊缝中间稍快，坡口两端稍做停顿，保证焊缝与坡口的良好熔合。接头最好采用热接法。填充层焊条角度如图 3-5 所示。

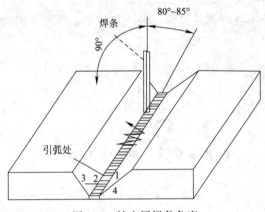

图 3-5　填充层焊条角度

4）盖面焊接

与中间层的焊接基本相同，用月牙形或"之"字形运条，注意摆动的幅度和间距要保持一致，并注意与坡口两侧的熔合，防止咬边和夹渣等缺陷，使焊缝外观成形良好，如图 3-6 所示。

从工件左端定位焊缝处引弧，引燃电弧后拉长电弧做预热动作，当达到半熔化状态时，把焊条开始熔化的熔滴向外甩掉，勿使这些熔滴进入焊缝，立即压低电弧至 2~3 mm，使焊缝根部形成一个椭圆形熔池，随即迅速将电弧提高 3~5 mm，等熔池冷却为一个暗点（直径约 3 mm 时），将电弧下降到引弧处，重新引弧焊接，新熔池与前一个熔池重叠 2/3，然后再提高电弧，即采用跳弧操作手法进行施焊。第二层焊接时可选用连弧焊，但焊接时要控制好熔池温度，若出现温度过高时应随时灭弧，降低熔池温度后再起弧焊接，从而避免焊缝过高或焊瘤的出现。

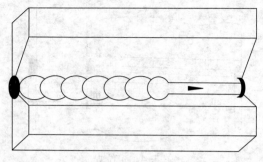

图 3-6　运条方法

3.2.2　板对接平焊操作练习

（1）编写简单的工艺并填写工艺卡（见附录 B），经讨论、检查确定后实施。

（2）板对接平焊的操作。

（3）练习结束后必须整理工具设备，关闭水、电、气源，清理打扫场地，并有值日生或指导教师检查、记录。

3.3 板对接立焊

板对接立焊施工图如图 3-7 所示。

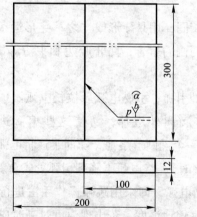

技术要求：根部间隙 b=3.2~4.0 mm，α=60°，p=0.5~1 mm

图 3-7　板对接立焊施工图

3.3.1　立对接焊介绍和操作分析

为了在焊接过程中，控制熔池大小和熔池温度，减少和防止液态金属下淌而产生焊瘤，焊接时要采用较小的焊接工艺参数（较小直径的焊条，较小的焊接电流）。如果采用多层焊时，层数则由焊件的厚度来确定，每层焊缝的成形都应注意。在打底焊时，应选用直径较小的焊条和较小的焊接电流，对厚板采用小三角形运条法，对中厚板或较薄板可采用小月牙形或锯齿形跳弧运条法，各层焊缝都应及时清理熔渣，并检查焊缝质量。表层焊缝运条方法按所需焊缝高度的不同来选择，运条的速度必须均匀，在焊缝两侧稍做停留，这样有利于熔滴的过渡，防止产生咬边等缺陷。

填写焊接工艺卡，见附录 A。

3.3.2　板对接立焊的实作过程

1. 安全技术

正确穿戴劳动防护用品，劳动防护用品必须完好无损；清理工作场地，不得有易燃易爆物品；检查焊机和所使用的工具；操作时必须是先戴面罩然后才开始操作，避免电弧光直射眼睛；焊接电缆、焊钳完好，焊把线接地良好。

2. 焊前准备

钢板表面清理干净，不能有铁锈、油污等杂质。焊机准备，地线接好，调节工艺参数。场地清理，焊把线理顺，场地内不能有易燃易爆物品和其他杂物，保持整洁。

3. 工艺参数

焊接工艺参数见表 3-3。

表 3-3　焊接工艺参数

焊条型号	焊缝层次		焊条直径/mm	焊接电流/A	装配间隙/mm	电源极性	反变形量	焊接次序
E5015（J507）	打底（一道）	连弧法	3.2	80～90	始端3 终端3.5	直流反接	3°～4°	1
		灭弧法	3.2	100～110	始端3 终端4			2
	中间层（二、三道）		3.2	105～115				3
	盖面（四道）		3.2	95～105				4

4. 操作要领

1）装配点固

用与正式焊接同样的焊条在焊件背面两端进行点固，定位焊缝长10 mm；装配间隙 3～4 mm,一头窄一头宽,反变形量 3°～4°;错边量不大于 0.5 mm,如图 3-8 所示。

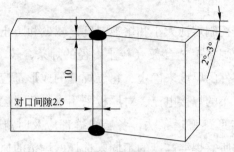

图 3-8 装配点固

2) 打底

将焊件垂直固定在离地面一定距离的工装上,间隙小的一端在下,向上立焊;采用连弧法或灭弧法打底,接头采用热接。打底焊运条方法如图 3-9 所示。

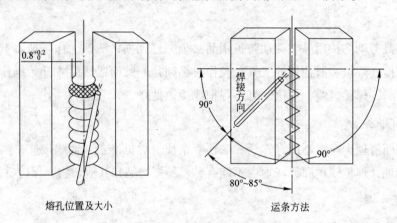

熔孔位置及大小　　　　　　运条方法

图 3-9 打底焊运条方法

3) 中间层焊缝

采用月牙形或"之"字形运条,坡口两侧略做停顿,焊缝中间速度稍快;焊前必须将前道焊缝的熔渣清理干净;注意分清铁水和熔渣,控制熔池形状、大小和温度。填充焊运条方法如图 3-10 所示。

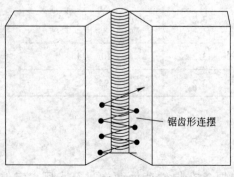

锯齿形连摆

图 3-10 填充焊运条方法

4）盖面

与中间层的焊接基本相同，只是运条时焊条摆动幅度和间距更加均匀、一致。电弧在坡口边缘稍有压低和停顿，防止咬边，并使焊缝成形更加美观。盖面焊运条方法如图 3-11 所示。

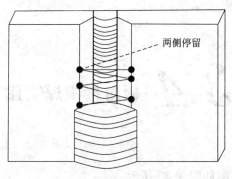

两侧停留

图 3-11　盖面焊运条方法

3.3.3　板对接立焊的难点、技巧

1. 打底焊

（1）引弧位置：打底层焊接时，在焊件下端定位焊缝上面 10～20 mm 的坡口面处引弧，然后迅速向下拉至定位焊缝上，停顿预热 1～2 s，再向上摆动运条。到达定位焊缝上沿时，加大焊条下倾角度，压低电弧，坡口根部熔化并被击穿，形成熔孔。

（2）运条方式：采用连弧焊法，焊条做锯齿形横向摆动，坡口两侧稍停顿，短弧，连续施焊。向上运条要均匀，间距不宜过大。

（3）控制熔孔和熔池：合适的熔孔，熔池表面呈水平的椭圆形，使电弧的 1/3 对着坡口间隙，2/3 覆盖在熔池上。

（4）焊道接头：接头收弧时，焊条向左或右下方回拉 10～15 mm 接头处呈斜面状；采用热接法或冷接法接头，接头时在弧坑下方 10 mm 处引弧，向上摆动施焊；到原弧坑处，焊条倾角大于正常焊接角度 10°，电弧向焊根背面压送，稍停留，根部被击穿并形成熔孔时，焊条倾角恢复到正常角度，横向摆动向上焊接。

2. 填充焊

（1）填充层施焊前，应彻底清除前道焊缝焊渣、飞溅物，焊缝接头过高部分处打磨平整。

（2）填充焊可以焊一层一道或二层二道。施焊时的焊条角度应比打底层下倾 10°～15°；运条方法同打底层，摆动幅度增大，在坡口两侧略停顿，稍加快焊条摆动速度；各层焊道应平整或呈凹形。填充层焊缝厚度应低于坡口表面 1～1.5 mm。

（3）填充焊接头时，在弧坑上方 10 mm 处引弧，电弧拉至弧坑处，沿弧坑的形状将弧坑填满，再正常焊接。

3. 盖面焊

（1）盖面层施焊时，焊条角度、运条和接头方法与填充层相同。

（2）在焊缝坡口两侧应压低电弧，并停顿，稍微加快摆动速度，避免咬边和焊瘤的产生；接头处还应避免焊缝过高和脱节。

$\mathit{3.4}$ 板对接横焊实作

板对接横焊实作施工图如图 3-12 所示。

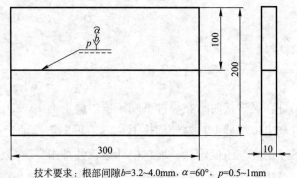

技术要求：根部间隙 b=3.2~4.0mm，α=60°，p=0.5~1mm

图 3-12　板对接横焊实作施工图

3.4.1　板对接横焊介绍和操作分析

横焊时，熔滴和熔池金属在重力作用下容易下淌。在焊接过程中，为了控制熔池大小和熔池温度，减少和防止液态金属下淌而产生焊瘤，焊接时要采用较小的焊接工艺参数（较小直径的焊条，较小的焊接电流）。较厚板对接横焊的坡口一般为 V 形或 K 形，其特点是下板开 I 形坡口或坡口角度小于上板，这样有利于焊缝成形。板对接横焊也要注意防止焊接角变形，一般采用反变形法。

填写焊接工艺卡，见附录 A。

3.4.2　板对接接头横焊的实作过程

1. 安全技术

正确穿戴劳动防护用品，劳动防护用品必须完好无损；清理工作场地，不得有易燃易爆物品；检查焊机和所使用的工具；操作时必须是先戴面罩然后才开始操作，避免电弧光直射眼睛；焊接电缆、焊钳完好，焊把线接地良好。

2. 焊前准备

钢板表面清理干净，不能有铁锈、油污等杂质。焊机准备，地线接好，调节工艺参数。场地清理，焊把线理顺，场地内不能有易燃易爆物品和其他杂物，保持整洁。

3. 工艺参数

焊接工艺参数见表3-4。

表3-4　焊接工艺参数

焊条型号	焊缝层次		焊条直径/mm	焊接电流/A	装配间隙/mm	反变形量	电源极性	焊接次序
E5015 (J507)	打底	连弧法	2.5	70~80	始端2.5 终端3	7°~8°	直流反接	1
		灭弧法	3.2	100~110	始端3 终端4			
	中间层		3.2	120~140				2
			4.0	160~165				3
	盖面层		3.2	120~125				4
			4.0					5
								6

4. 操作要领

1）装配点固

用与正式焊接同样的焊条在焊件背面两端进行点固，定位焊缝长10 mm；装配间隙3~4 mm，一头窄一头宽，反变形量7°~8°；错边量不大于0.5 mm。装配点固如图3-13所示。

2）打底

焊件焊缝与水平面平行并固定在离地面一定距离（600 mm左右）的工装上，间隙小的一端在左，从该端开始焊接。采用连弧法或灭弧法打底，接头采用热接。严格采用短弧，注意焊条在上侧坡口的停顿时间稍长于下侧坡口，熔孔熔入坡口上侧的尺寸略大于坡口；灭弧法时，在上侧坡口引弧，向下侧运条，然后将电弧沿坡口侧后方拉熄，节奏稍慢，每分钟25~30次，熔孔尺寸约0.8 mm。

打底焊焊条角度如图3-14所示。

图3-13　装配点固

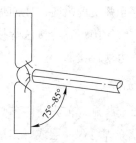

图3-14　打底焊焊条角度

3）中间层焊缝

多层多道焊，采用直线形运条，也可用小斜环形运条。焊前必须将前道焊缝的熔渣清理干净；注意分清铁水和熔渣，控制熔池形状、大小和温度。焊接下焊道时使坡口下侧与打底焊道的夹角处熔合良好，焊接上焊道时使坡口上侧与打底焊道的夹角处熔合良好，防止未焊透和夹渣，同时上焊道要盖住下焊道1/2，使焊缝表面平整。填充焊焊条角度如图3-15所示。

4）盖面

与中间层的焊接基本相同，焊接过程中严格采用短弧，运条速度要均匀，并使坡口边缘熔合良好，防止咬边、未熔合和焊瘤等缺陷，盖面焊焊条角度如图3-16所示。

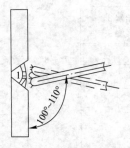

图3-15 填充焊焊条角度

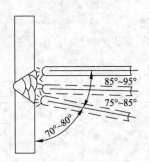

图3-16 盖面焊焊条角度

3.4.3 板对接横焊的难点、技巧

1. 打底焊

（1）引弧位置：打底焊时在始焊端定位焊缝处引弧，上下摆动向右焊接；到达定位焊缝前沿时，电弧向焊根背面压送，稍停顿，根部熔化并击穿，形成熔孔。

（2）控制熔孔和熔池：电弧在上坡口根部停留时间比在下坡口停留时间稍长，使上坡口根部熔化1～1.0 mm。下坡口根部熔化0.5～1 mm。电弧的1/3用来熔化和击穿坡口根部，控制熔孔，电弧的2/3覆盖在熔池上，保持熔池形状均匀一致。

（3）焊道接头：采用热接法或冷接法接头。收弧时，焊条向焊接反方向的下坡口面回拉10～15 mm，逐渐抬起焊条，形成缓坡；在距弧坑前约10 mm的上坡口面将电弧引燃，电弧移至弧坑前沿时，压向焊根背面，稍做停顿，形成熔孔后，电弧恢复到正常焊接长度，再继续施焊。冷接法焊接前，先将收弧处焊道打磨成缓坡，再按热接法的引弧位置和操作方法焊接。

2. 填充焊

（1）填充焊施焊前先清除前焊缝焊渣、飞溅物，并将焊缝接头过高处打磨平整。

（2）填充焊可焊一层或焊二层。如果焊二层：第一层填充焊为单焊道，其焊条角度与打底层相同，但摆副稍大；第二层填充层焊两道焊缝，先焊下焊缝，后焊上焊缝。焊下面填充焊道时，电弧对准前层焊道下沿，稍摆动，熔池压住焊道的 1/2～2/3；焊上面填充焊道时，电弧对准前层焊道上沿并稍做摆动，熔池填满空余位置。填充层焊缝焊完后，其表面应距下坡口表面约 2 mm，距上坡口表面约 0.5 mm。不要破坏坡口楞边。

（3）填充焊接头时，在弧坑前 10 mm 处引弧，电弧回焊至弧坑处，沿弧坑的形状将弧坑填满，再继续正常施焊。

3. 盖面焊

（1）该面层焊接时，盖面层焊缝焊三道，由下向上焊接，每条盖面焊道要依次压住前焊道的 1/2～2/3。

（2）上面最后一条焊道施焊时，适当增大焊接速度或减小焊接电流，调整焊条角度，避免液态金属下淌和产生咬边。

3.5 板对接仰焊实作

板对接仰焊实作施工图如图 3-17 所示。

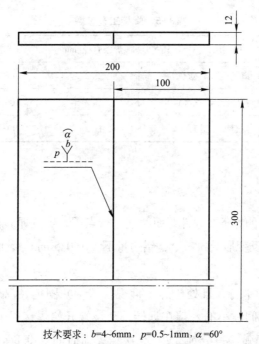

技术要求：b=4～6mm，p=0.5～1mm，α=60°

图 3-17　板对接仰焊实作施工图

3.5.1　板对接仰焊介绍和操作分析

　　仰焊是各种位置焊接中最困难的一种，原因是熔池倒悬在焊件下面熔滴和熔池金属在重力作用下容易下淌。在焊接过程中，为了控制熔池大小和熔池温度，减少和防止液态金属下淌而产生焊瘤，焊接时一般要采用较小的焊接工艺参数（较小直径的焊条、较小的焊接电流）。

　　填写焊接工艺卡，见附录 A。

3.5.2　板对接仰焊实作过程

　　1. 安全技术

　　正确穿戴劳动防护用品，劳动防护用品必须完好无损，清理工作场地，不得有易燃易爆物品；检查焊机和所使用的工具；操作时必须是先戴面罩然后才开始操作，避免电弧光直射眼睛；焊接电缆、焊钳完好，焊把线接地良好。

　　2. 焊前准备

　　钢板表面清理干净，不能有铁锈、油污等杂质。焊机准备，地线接好，调节工艺参数。场地清理，焊把线理顺，场地内不能有易燃易爆物品和其他杂物，保持整洁。

　　3. 工艺参数

　　焊接工艺参数见表 3-5。

表 3-5　焊接工艺参数

焊条型号	焊接层次		焊条直径/mm	焊接电流/A	电源极性
E5015 （结 507）	打底（一道）	灭弧法	3.2	90～100	直流反接
	中间层（二、三道）		3.2	100～110	
	盖面（四道）		3.2	90～100	

　　4. 操作要领

　　1）装配点固

　　用于正式焊接同样的焊条在焊件背面两端进行点固，定位焊缝长10 mm；装配间隙 3～4 mm，一头窄一头宽，反变形量 3°～4°，错边量不大于 0.5 mm。装配点固如图 3-13 所示。

　　2）打底

　　焊件焊缝与水平面平行，且处于焊工仰视位置，并固定在离地面一定的距离（600 mm 左右）的工装上，间隙小的一端在远端，从该端开始焊接；采用灭弧法打底，接头采用热接。严格采用短弧，每分钟 25～30 次，灭弧时间约 0.8 s；焊条向上顶深一些，保持较强的电弧穿透力，保证背面成形饱满，不至于下凹。

3）中间层焊缝

采用"之"字形运条，也可用月牙形运条，焊前必须将前道焊缝的熔渣清理干净，注意分清铁水和熔渣，控制熔池形状、大小和温度，使焊缝表面平整。焊条角度如图 3-18 所示。

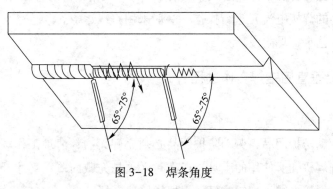

图 3-18　焊条角度

4）盖面

与中间层的焊接基本相同，焊接过程中严格采用短弧，运条速度要均匀，焊条摆动的幅度和间距要均匀，在坡口边缘稍稍停顿，使坡口边缘熔合良好，防止咬边、未熔合和焊瘤等缺陷。

3.6 管对接垂直固定焊实作

管对接垂直固定焊实作施工图如图 3-19 所示。

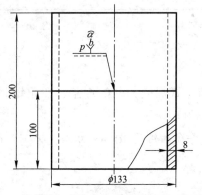

技术要求：$b=3\sim4mm$，$\alpha=60°$，$p=1mm$

图 3-19　管对接垂直固定焊实作施工图

3.6.1 管对接垂直固定焊介绍和操作分析

管子对接垂直固定焊及单面焊双面成型和板对接横焊基本相似，焊缝处于空间位置，熔滴和熔池金属容易下淌，形成未熔合和焊瘤等缺陷。所以，操作时以小规范（小直径焊条、较小的焊接电流）进行操作。一般采用直线运条。

填写焊接工艺卡，见附录A。

3.6.2 管对接垂直固定焊实作过程

1. 安全技术

正确穿戴劳动防护用品，劳动防护用品必须完好无损；清理工作场地，不得有易燃易爆物品；检查焊机和所使用的工具；操作时必须是先戴面罩然后才开始操作，避免电弧光直射眼睛；焊接电缆、焊钳完好，焊把线接地良好。

2. 焊前准备

钢管两节，将管子内外壁坡口两侧20 mm范围内的油、锈、氧化皮等清除干净，直到露出金属光泽。焊机准备，地线接好，调节工艺参数。场地清理，焊把线理顺，场地内不能有易燃易爆物品和其他杂物，保持整洁。

3. 工艺参数

焊接工艺参数见表3-6。

表3-6 焊接工艺参数

焊条型号	焊缝层次	焊条直径/mm	焊接电流/A	电源极性	焊接次序
E5015 (J507)	打底（一道）	2.5	75～85	直流反接	1
	盖面（二、三道）	3.2	105～115		2
					3

4. 操作要领

1）装配点固

调好工艺参数，采用与正式焊缝相同的焊条，在角钢制作的装配胎具上进行装配（如图3-20所示），保证同轴度。

装配间隙1.5～2 mm，定位焊缝长10 mm左右，采用两点或三点定位。装配要求如图3-21所示。

2）打底

与横焊基本相似，采用灭弧法打底。因焊缝为一道环缝，故焊接过程中要始终保持焊条角度不变。打底焊运条方法如图3-22所示。

3）盖面

分一次或两次焊接，连续焊接，采用直线运条或小斜环运条，焊接中要严格控制弧长，并注意上下坡口熔合良好，盖面焊焊条角度如图 3-23 所示。

图 3-20 装配点固

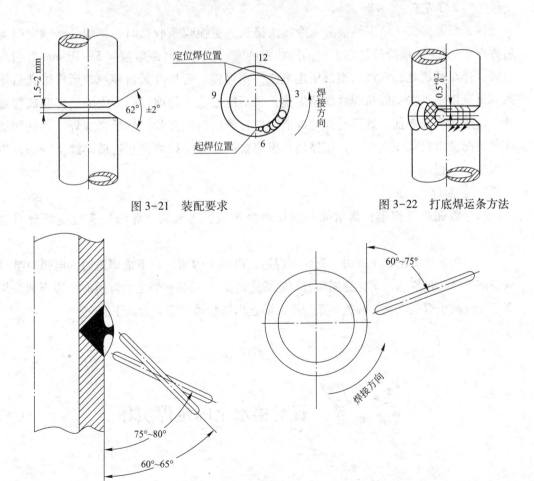

图 3-21 装配要求 　　　　　图 3-22 打底焊运条方法

图 3-23 盖面焊焊条角度

3.6.3 管对接固定焊的难点、技巧

管子试件装配定位焊所用焊条应与正式焊接使用的焊条相同，按圆周方向均布 3 处，大管子可焊 2～3 处，小管子焊 1～2 处，每处定位焊缝长 10～15 mm，装焊好的管子应预留间隙，并保证同心。

1）打底焊

（1）引弧和建立熔池：打底焊起焊时采用划擦法在管子坡口内引燃电弧，待坡口两侧局部熔化，向根部压送，熔化并击穿根部后，熔滴送至坡口背面，建立起熔池。

（2）运条方式：采用一点击穿断弧焊法向右施焊。当熔池形成后，焊条向焊接反方向做划挑动作，迅速灭弧；待熔池变暗，在未凝固的熔池边缘重新引弧，在坡口装配间隙处稍做停顿，电弧的 1/3 击穿根部，新的熔孔形成后再熄弧。

（3）控制熔孔和熔池：在熔池前沿应能看到均匀的熔孔，上坡口根部熔化 1～1.5 mm，下坡口根部略小些；熔池形状保持一致，每次引弧的位置要准确，后一个熔池搭接前一个熔池的 2/3 左右。

（4）焊道接头：采用热接法或冷接法接头。更换焊条收弧时，将焊条断续向熔池后方点 2～3 下，缓降熔池温度，消除收弧的缩孔。焊接时距熔池前 5～10 mm 处引燃电弧，焊至弧坑处，向坡口根部压送电弧，稍停顿，听见电弧击穿声，形成熔孔后熄弧。再采用一点击穿断弧焊法继续焊接，采用冷接法施焊前，先将收弧处打磨成缓坡状。封闭接头施焊前，焊缝端部的焊道应先打磨成缓坡形状，然后再施焊，焊到缓坡底部，向坡口根部压送电弧，稍停顿，根部熔透后焊过缓坡并超过前焊缝 10 mm，填满弧坑后熄弧。

2）盖面焊

（1）盖面焊施焊前，需清除打底层焊缝熔渣、飞溅物，焊缝接头过高部分打磨平整。

（2）盖面焊焊上、下两道。先焊下焊道，再焊上焊道。焊下面焊道时，电弧对准打底焊道下沿，稍摆动，熔化金属覆盖打底焊道的 1/2～2/3；焊上面焊道时，适当加快焊接速度或减小焊接电流，调整焊条角度，防止出现咬边和液态金属下淌。

3.7 管对接水平固定焊实作

管对接水平固定焊实作施工图如图 3-24 所示。

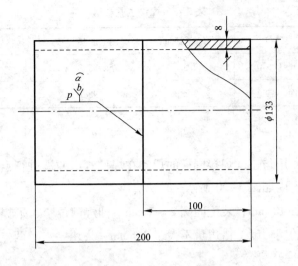

技术要求：b=2.5~3.2mm，α=60°，p=0~1mm

图 3-24 管对接水平固定焊实作施工图

3.7.1 管对接水平固定焊介绍和操作分析

为了在焊接过程中，控制熔池大小和熔池温度，减少和防止液态金属下淌而产生焊瘤，焊接时要采用较小的焊接工艺参数（较小直径的焊条、较小的焊接电流），焊缝为一道环缝，焊接中焊条角度要不断变化，分两个半周完成，属于全位置焊接。

填写焊接工艺卡，见附录 A。

3.7.2 管对接水平固定焊实作过程

1. 安全技术

正确穿戴劳动防护用品，劳动防护用品必须完好无损；清理工作场地，不得有易燃易爆物品；检查焊机和所使用的工具；操作时必须是先戴面罩然后才开始操作，避免电弧光直射眼睛；焊接电缆、焊钳完好，焊把线接地良好。

2. 焊前准备

钢管两节，钢管内外表面距坡口 40 mm 范围内清理干净，不能有铁锈、油污、氧化皮等杂质，直到露出金属光泽。焊机准备，地线接好，调节工艺参数。场地清理，焊把线理顺，场地内不能有易燃易爆物品和其他杂物，保持整洁。

3. 工艺参数

焊接工艺参数见表 3-7。

表 3-7 焊接工艺参数

焊条型号	焊接层次	焊条直径/mm	焊接电流/A	焊接次序	电源极性
E5015（J507）	打底（一道）	2.5	75～85	1	直流反接
	盖面（二道）	3.2	85～95	2	

4. 操作要领

（1）装配点固：用与正式焊接同样的焊条在焊件背面两端进行点固，在角钢制作的胎具上进行。装配点固如图 3-20 所示。

（2）定位焊缝长 10 mm；装配间隙 2～3 mm，仰焊部位窄、平焊部位宽作为反变形量；保证两节钢管的同轴度，错边量不大于 0.5mm；采用一点、两点或三点定位。装配及定位焊要求如图 3-25 所示。

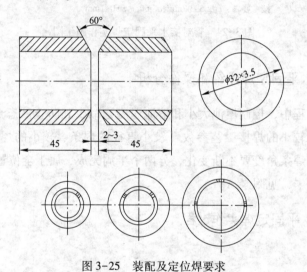

图 3-25 装配及定位焊要求

（3）打底：焊管轴线与水平面平行并固定在离地面一定的距离（600 mm 左右）的工装上，间隙小的一端在下，从该端开始向上焊接。采用灭弧法打底，接头采用热接，更换焊条速度要快。仰焊部位节奏每分钟 35～40 次，灭弧时间约 0.8 s，焊条向上要顶送深一些，尽量采用短弧；立焊和平焊部位速度要稍快一些，避免焊瘤和内凹等缺陷。

打底焊焊条角度和运条方法如图 3-26 所示。

（4）盖面：采用连弧法，"之"字形或月牙形运条。将前面焊缝的熔渣、飞溅物清理干净。焊接过程中严格采用短弧，运条速度要均匀，摆动幅度要小，在坡口两侧稍稍停顿稳弧，使坡口边缘熔合良好，防止咬边、未熔合和焊瘤等缺陷。盖面焊焊另半周接头操作如图 3-27 所示。

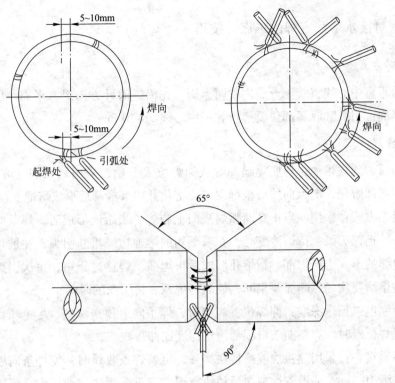

图 3-26　打底焊焊条角度和运条方法

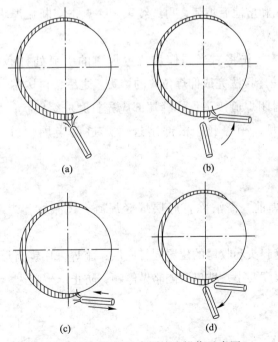

(a)　　　　　　(b)

(c)　　　　　　(d)

图 3-27　盖面焊焊另半周接头操作示意图

3.7.3 管对接水平固定焊的难点、技巧

1. 施焊方式

假定沿垂直中心线将管子分成左右两半周，先沿逆时针方向焊右半周，后沿顺时针方向焊左半周；引弧和收弧部位要超过管子中心线 5~10 mm。

2. 打底焊

(1) 引弧和建立熔池：打底焊起焊时从仰焊位置开始，采用划擦法在坡口内引燃，待坡口两侧局部熔化，电弧向坡口根部顶送，熔化并击穿根部后形成熔池。

(2) 运条方式：采用一点击穿断弧焊法向上施焊。当熔池形成后，焊条向焊接方向做划挑动作，迅速灭弧；待熔池变暗，在未凝固的熔池边缘重新引弧，在坡口间隙处稍做停顿，电弧的1/3击穿根部，新熔孔形成后再熄弧。焊接过程中，每次引弧的位置要准确，给送熔滴要均匀，断弧要果断，控制好熄弧和再引弧的时间。

(3) 控制电弧顶送深度：仰焊位置焊接时，焊条向上顶送深些，尽量压低电弧；焊接立焊和平焊位置时，焊条向坡口根部压送深度比仰焊浅些。

(4) 焊道接头：采用热接法或冷接法接头，更换焊条收弧时，使焊条向坡口左侧或右侧回拉带弧 10 mm，或沿着熔池向后稍快点焊二三下，缓降熔池温度，消除收弧的缩孔。接头时，在距弧坑前端 5~10 mm 处引燃电弧，电弧稳定燃烧后焊至弧坑处，压送电弧，形成新的熔孔和熔池后熄弧，再继续采用一点击穿断弧焊法。冷接法施焊前，应将收弧处打磨成缓坡状。

(5) 左半周焊接：先将右半周仰焊位置焊道的引弧处打磨成缓坡，距缓坡底部 5~10 mm处引弧，按冷接法完成仰焊位置的接头。之后，再按右半周方法施焊。

(6) 平焊位置封闭焊道接头：焊缝端部应先打磨成缓坡状；焊至焊缝缓坡底部时，向坡口根部压送电弧，稍停顿，根部熔透后焊过前半周焊缝 10 mm，填满弧坑后熄弧。

3. 盖面焊

(1) 盖面焊施焊前，需清除打底层焊缝焊渣、飞溅物，焊缝接头过高部分打磨平整。

(2) 该面层焊缝起头和收尾的位置同打底层；施焊采用锯齿形或月牙形运条方式连续焊接，横向摆动幅度要小，坡口两侧略做停顿，防止产生咬边。

习题

1. 简述 T 形接头的定义及工艺参数。
2. 板对接平焊打底焊的技巧是什么?
3. 板对接横焊盖面层技术要领是什么?
4. 板对接仰焊盖面的焊条角度为多少最佳?
5. 管对接水平固定焊难点及解决方法是什么?

模块 4

钨极氩弧焊操作

学习目标

1. 掌握钨极氩弧焊的原理。
2. 熟悉钨极氩弧焊的特点。
3. 熟悉钨极氩弧焊设备组成及其设备组成部分的作用。
4. 掌握钨极氩弧焊的基本操作技术。

4.1 钨极氩弧焊原理及特点

4.1.1.　钨极氩弧焊的原理

氩弧焊是以氩气作为保护气体的直接电弧熔焊方法，按照电极的不同可分为熔化电极和非熔化电极两种。熔化电极氩弧焊是采用连续送进的焊丝作为电极，非熔化电极氩弧焊是采用高熔点的钨棒作为电极（简称钨极氩弧焊，TIG 焊）。钨是熔点最高的一种金属，可长时间高温工作。TIG 焊正是利用了这一性质，在圆棒状的钨极和母材间产生电弧进行焊接。TIG 焊工作原理如图 4-1 所示。

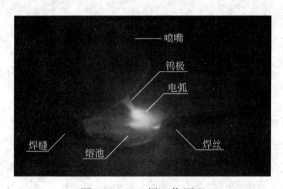

图 4-1　TIG 焊工作原理

TIG 焊是采用钨棒作为电极，利用氩气作为保护气体进行焊接的一种气体保护焊方法。钨极与工件之间产生电弧，利用从焊枪喷嘴中喷出的氩气流在电弧区形成严密封闭的气层，使电极和金属熔池与空气隔离，以防止空气的侵入；同时利用电弧热来熔化基本金属和填充焊丝形成熔池。液态金属熔池凝固后形成焊缝。

由于氩气是一种惰性气体，不与金属起化学反应，所以能充分保护金属熔池不被氧化；同时氩气在高温时不溶于液态金属中，所以焊缝不易生成气孔。因此，氩气的保护作用是有效和可靠的，可以获得较高质量的焊缝。根据所采用的电源种类，TIG 焊又分为直流、交流和脉冲三种。

4.1.2 钨极氩弧焊的特点

1. TIG 焊优点

（1）保护效果好，焊缝质量高：氩气不与金属发生反应，也不溶于金属，焊接过程基本上是金属熔化与结晶的简单过程，因此能获得较为纯净及质量高的焊缝。

（2）焊接变形和应力小：受氩气流的压缩和冷却作用，电弧热量集中，热影响区很窄，焊接变形与应力均小，尤其适于薄板焊接。

（3）易观察，易操作：由于是明弧焊，所以观察方便，操作容易，尤其适用于全位置焊接。

（4）稳定：电弧稳定，飞溅少，焊后不用清渣。

（5）易控制熔池尺寸：由于焊丝和电极是分开的，焊工能够很好地控制熔池尺寸和大小。

（6）可焊的材料范围广：几乎所有的金属材料都可以进行氩弧焊。特别适宜焊接化学性能活泼的金属和合金，如铝、镁、钛等。

2. TIG 焊缺点

（1）设备成本较高。

（2）氩气电离势高，引弧困难，需要采用高频引弧及稳弧装置。

（3）氩弧焊产生的紫外线是手弧焊的 5～30 倍，生成的臭氧对焊工有危害，所以要加强防护。

（4）焊接时需有防风措施。

钨极氩弧焊是一种高质量的焊接方法，因此在工业行业中均广泛地被采用。特别是一些化学性能活泼的金属，用其他电弧焊焊接非常困难，而用氩弧焊则可容易地得到高质量的焊缝。另外，在碳钢和低合金钢的压力管道焊接中，现在也越来越多地采用氩弧焊打底，以提高焊接接头的质量。

4.2 TIG 焊设备组成

TIG 焊设备按操作方式分为手工 TIG 设备和自动 TIG 设备。自动 TIG 焊设备比手工 TIG 焊机多了一个焊枪移动装置（行走小车）和焊丝送进机构，通常小车与送丝机构结合在一台可行走的焊接小车机头上。

手工 TIG 焊设备主要由焊接电源、控制系统、焊枪、供气系统和供水系统等组成。

1. 焊接电源

TIG 焊的焊接电源有交流、直流及脉冲三种。无论使用何种弧焊电源，都要求电源的外特性为陡降或垂直下降，主要是为了得到稳定的焊接电流，减少或排除因弧长变化而引起焊接电流波动。交流电源有正弦交流电源和方波交流电源，这些电源从结构与要求上和一般焊条电弧焊所需电源并无多大差别，只是外特性要求更陡一些。

TIG 焊机所用电源的空载电压一般要比焊条电弧焊的空载电压高。目前使用最广泛的是晶闸管式弧焊电源和逆变电源；新型逆变式 TIG 焊机的电源与控制系统一体化，体积小、重量轻，性能指标优良，已经获得广泛应用。

2. 控制系统

控制系统主要由引弧器、稳弧器、程序控制器、电磁气阀和水压开关等构成，其主要任务是控制提前送气、滞后停气、引弧、电流通断、电流衰减、冷却水流通断等。

TIG 焊电弧引燃的方式有接触引弧和非接触引弧两种。

1）接触引弧

接触引弧是通过接触—回抽过程实现的。引弧时首先使钨极与工件接触，此时，短路电流被控制在较低的水平上（通常小于 5 A），钨极回抽后，在很短时间内（几微秒）将电流切换为所需的大电流，将电弧引燃。这种方法仅适用于直流正接的直流 TIG 焊机，最大的优点是避开了高频电及高压脉冲的干扰。

2）非接触引弧

大电流 TIG 焊机一般不采用接触引弧。因为接触引弧时，强大的短路电流不但使钨极因发生熔化而烧损，而且还易使液态钨进入熔池中，造成焊缝夹钨，影响焊缝的力学性能。常用的非接触引弧方式有高频振荡器引弧和高压脉冲引弧两种。

3. 焊枪

焊枪的作用是夹持电极、导电及输送保护气体。目前国内使用的焊枪大体上有两种：一种是气冷式焊枪，用于小电流焊接，最大电流不超过 100 A；另一种是水冷式焊枪，供焊接电流大于 100 A 时使用。气冷式焊枪利用保护气流冷却导电部件，不带水冷系统，结构简单，使用轻巧灵活。水冷式焊枪结构比较复杂，焊枪稍重。使用时应注意避免两种焊枪超载工作，以延长焊枪寿命。

TIG 焊焊枪的标志由形式符号及主要参数组成。焊枪的形式符号由两位字母表示，主要表示其冷却方式："QQ"表示气冷，"QS"表示水冷。形式符号后面的数字表示焊枪参数，主要有喷嘴中心线与手柄轴线夹角及额定焊接电流等。

焊枪结构中，喷嘴为易损件。不同直径的电极，要选配不同规格的喷嘴。喷嘴采用的材料有陶瓷、紫铜和石英等，喷嘴类型如图 4-2 所示。

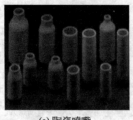
(a) 陶瓷喷嘴

(b) 紫铜喷嘴

(c) 石英喷嘴

图 4-2　喷嘴类型

陶瓷喷嘴既绝缘又耐热，应用广泛，但焊接电流不能超过 350 A。

紫铜喷嘴焊接电流可达 500 A，需要绝缘套将喷嘴与导电部分隔离。

石英喷嘴烧红后不易开裂，使用寿命长。喷嘴的形状和尺寸对气流的保护性能影响很大。TIG 焊常见喷嘴形式如图 4-3 所示。

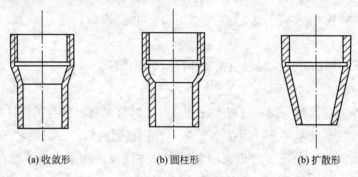
(a) 收敛形　　　　(b) 圆柱形　　　　(b) 扩散形

图 4-3　TIG 焊常见喷嘴形式

其中，收敛形喷嘴电弧可见度较好，又便于操作，应用也很普遍。圆柱形喷嘴喷出的气流不会因截面变化而引起流速的变化，易建立层流流态，有效保护区区域最大。扩散形喷嘴由于气流流过保护区范围小，所以很少采用。

4. 供气系统

供气系统主要由氩气瓶、减压器、流量计及电磁气阀等组成，供气系统如图 4-4 所示。

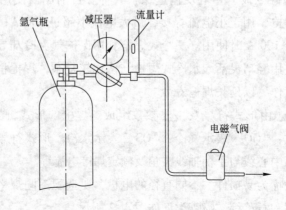

图 4-4　供气系统

（1）氩气瓶：外表涂为灰色，并标以"氩气"字样。氩气瓶最大压力为14 700 kPa，容积一般为40 L。氩气在钢瓶中呈气体状态，从钢瓶中引出后，不需要预热和干燥。

（2）减压器：用以减压和调压。

（3）流量计：检测通过气体流量大小。

（4）电磁气阀：达到提前送气和滞后断气的目的。

5. 供水系统

供水系统主要用来冷却焊接电缆、焊枪和钨棒。如果焊接电流小于150 A可以不用水冷却。使用的焊接电流超过150 A时，必须通水冷却，并以水压开关控制。

4.3 TIG焊的基本操作技术

TIG焊的基本操作技术主要包括引弧、定位焊、焊接与接头、填丝、左向焊与右向焊、收弧等。

1. 引弧

为了提高焊接质量，手工钨极弧焊多采用引弧器来引弧。例如，采用高频振荡器或高压脉冲发生器使氩气电离而引燃电弧。引弧器引弧的优点是：钨极与焊件不接触就能在施焊点直接引燃电弧，钨极端头损耗小；引弧处焊接质量高，不会产生夹钨缺陷。如果没有引弧器，则在引弧板上引弧。引弧板可用紫铜板或石墨板来做。引弧时将引弧板放在焊接坡口上或放在坡口边缘，不允许钨极直接与引弧板或在坡口面直接接触引弧。

2. 定位焊

定位焊缝是焊缝的一部分，必须焊牢，不允许有缺陷，如果该焊缝要求单面焊双面成形时，则定位焊缝必须焊透。为了防止焊接时焊件受热膨胀而引起变形，必须保证定位焊缝的距离，具体可按表4-1来选择。

表4-1　定位焊缝的间距

板厚/mm	0.5～0.8	1～2	>2
定位焊缝间距/mm	≈20	50～100	≈200

焊接时，必须按正式的焊接工艺要求焊定位焊缝。如果正式焊缝要求预热缓冷，则定位焊前也要预热，焊后要缓冷。此外，定位焊缝不能太高，以免焊接到定位焊缝处接

头困难。如果碰到这种情况，则最好将定位焊缝磨低些，两端也磨成斜坡，以便焊接时有利于接头。

此外，如果定位焊缝上发现裂纹、气孔等缺陷时，则应将该段定位焊缝打磨掉重新施焊，不允许用重熔的办法修补。

3. 焊接与接头

1）打底焊

为了保证焊缝质量，打底焊缝应一气呵成，不允许中途停止。打底焊缝应具有一定厚度子，具体要求如下：对于壁厚≤10 mm 的管子，打底层厚度不得小于 2～3 mm；对于壁厚大于 10 mm 的管子，打底层厚度不得小于 4～5 mm。打底焊缝需经自检合格后，才能进行填充盖面焊。

2）焊接

在焊接时，一定要掌握好焊枪角度、送丝位置，力求送丝均匀，才能保证焊缝成形。为了获得比较宽的焊道，保证坡口两侧的熔合质量，焊枪也可横向摆动，但摆动频率不能太高，幅度不能太大，要以不破坏熔池的保护效果为原则，这由焊工自己灵活掌握。在焊完打底层后，焊第二层时应特别注意不得将打底焊道烧穿，以防止焊道下凹或背面剧烈氧化。

3）接头质量控制

无论是打底层还是填充层焊接，控制接头的质量是非常重要的。这是因为接头是两段焊缝交接的地方，由于温度的差别和填充金属量的变化，该处易出现超高、缺肉、未焊透、夹渣（夹杂）、气孔等缺陷，所以焊接时应尽量避免停弧，要减少冷接头次数。但由于在实际操作时，需要换丝、更换钨极，焊接位置变化或要求对称分段焊接等，就必须停弧。因此，接头是不可避免的，关键是应尽可能地设法控制接头质量，其方法如下。

（1）在接头处要有斜坡，不能有死角。

（2）重新引弧的位置要在原弧坑后面，使焊缝重叠 20～30 mm，重叠处一般不加或只加少量的焊丝。

（3）熔池要贯穿到接头的根部，以确保接头处熔透。

4. 填丝

1）填丝的基本操作技术

（1）连续填丝。连续填丝对保护层的扰动小，这种操作技术效果较好，但比较难掌握。在连续填丝时，要求焊丝比较平直，用左手拇指、食指、中指配合动作送丝，无名指和小指夹住焊丝控制方向。在连续填丝时，手臂动作不大，待焊丝快用完时才前移。当填丝量较大，采用强工艺参数时，多采用连续填丝法。连续填丝操作技术如图 4-5 所示。

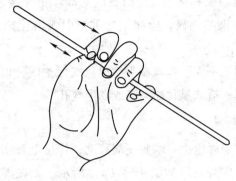

图 4-5　连续填丝操作技术

（2）断续填丝。断续填丝又称为点滴送丝。它是以左手拇指、食指、中指捏紧焊丝，焊丝末端应始终处于氩气保护区内。填丝时，动作要轻，不得扰动氩气保护层，以防止空气侵入；更不能像气焊那样在熔池中搅拌，而是靠手臂和手腕的上下反复动作，将焊丝端部的熔滴送入熔池。全位置焊时多用断续填丝法。

（3）焊丝贴紧坡口与钝边一起熔入。它是将焊丝弯成弧形，紧贴在坡口间隙处，焊接电弧熔化坡口钝边的同时也熔化焊丝，这时要求坡口间隙应小于焊丝直径。此法可避免焊丝遮住焊工视线，适用于困难位置的焊接。

2）填丝注意事项

（1）必须待坡口两侧熔化后才填丝，以免造成熔合不良。

（2）填丝时，焊丝应与工件表面夹角成 15°，敏捷地从熔池前沿点进，随后撤回，如此反复操作。

（3）填丝要均匀，快慢适当。如果填丝过快，则焊缝余高大；如果过慢，则出现焊缝下凹和咬边。焊丝端头应始终处在氩气保护区内。

（4）坡口间隙大于焊丝直径时，焊丝应跟随电弧做同步横向摆动。无论采用哪种填丝动作，都要使送丝速度与焊接速度相适应。

（5）填充焊丝时，不应把焊丝直接放在电弧下面。当然，把焊丝抬得过高也是不适宜的，也不应让熔滴向熔池"滴渡"。填丝位置如图 4-6 所示。

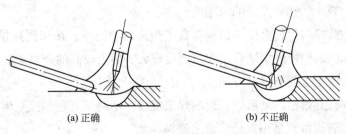

(a) 正确　　　　　　　　　　　(b) 不正确

图 4-6　填丝位置

（6）在操作过程中，如不慎使钨极与焊丝相碰，发生瞬间短路，这将产生很大的飞溅和烟雾，也会造成焊缝污染和夹钨。这时，应立即停止焊接，用砂轮磨掉被污染处，直至磨出金属光泽。被污染的钨极，应在别处重新引弧熔化掉污染端部，或重新磨尖后，方可继续焊接。

（7）撤回焊丝时，切记不要让焊丝端头撤出氩气保护区，以免焊丝端头被氧化，使得在下次点进时进入熔池，造成氧化物夹渣或产生气孔。

5. 左向焊法与右向焊法

在焊接过程中，焊丝与焊枪由右端向左端移动，焊接电弧指向未焊部分，焊丝位于电弧的运动前方，称为左向焊法，如图4-7（a）所示。如在焊接过程中，焊丝与焊枪由左端向右施焊，焊接电弧指向已焊部分，焊丝位于电弧的运动后方，称为右向焊法，如图4-7（b）所示。

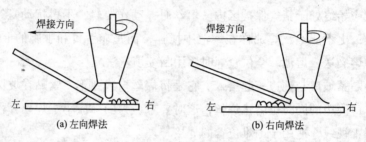

图 4-7 左向焊法和右向焊法

1）左向焊法的特点

（1）焊工视野不受阻碍，便于观察和控制熔池情况。

（2）焊接电弧指向未焊部分，既可对未焊部分起预热作用，又能减小熔深，有利于焊接薄件，特别是管子对接时的根部打底焊和对易熔金属的焊接。

（3）操作简单方便，初学者容易掌握。

左向焊法的缺点主要是焊大件特别是多层焊时，热量的利用率较低，因而影响熔化效率。

2）右向焊法的特点

（1）由于右向焊法焊接电弧指向已凝固的焊缝金属，使熔池冷却缓慢，有利于改善焊缝金属组织，减少气孔和夹渣的可能性。

（2）由于电弧指向焊缝金属，因而提高了热量的利用率。在相同热量时，右向焊法比左向焊法熔深大，因而特别适合于焊接厚度较大、熔点较高的金属。

右向焊法的缺点主要有三个方面。

（1）由于焊丝在熔池运动后方，影响焊工视线，不利于观察和控制熔池。

（2）无法在管道特别是小直径管道上施焊。

（3）右向焊法较难掌握，焊工一般不选择使用。

6. 收弧

收弧是手工钨极氩弧焊的重要操作技术之一。如果收弧不当，则会影响焊缝质量，使弧坑过深或产生裂纹，甚至造成返修。一般氩弧焊设备都配有电流自动衰减装置；若无电流衰减装置，则多采用改变操作方法来收弧。

收弧操作基本要点是：逐渐减少热量输入，如改变焊枪角度、拉长电弧、加快焊速等。对于管子封闭焊缝，最后的收弧，一般多采用稍拉长电弧，重叠焊缝 20～40 mm，并在重叠部分不加或少加焊丝。

值得注意的是：停弧后，氩气开关应延时 10 s 左右再关闭（一般设备上都有提前送气、滞后关气的功能），以防止金属在高温下继续氧化。

总之，在进行手工钨极氩弧焊基本操作时，为了保证焊接质量，焊接过程中始终要注意以下几个问题。

（1）要保持正确的持枪姿势，随时调整焊枪角度及喷嘴高度，这样既有可靠的保护效果，又便于观察熔池。

（2）注意焊后钨极形状和颜色的变化。焊接过程中如果钨极没有变形，焊后钨极端部为银白色，则说明保护效果好；如果焊后钨极发蓝，说明保护效果较差；如果钨极端部发黑或有瘤状物，说明钨极已经被污染，这多半是焊接过程中发生了短路，或黏附了很多飞溅物，使头部变成了合金，必须将这段钨极磨掉，否则容易夹钨。

（3）送丝一定要均匀，不能在保护区搅动，以防止卷入空气。

习题

1. 简述 TIG 焊原理及特点。
2. TIG 焊常见喷嘴形式有哪几种？
3. TIG 焊常用喷嘴材料有哪些？
4. TIG 焊常用电弧引燃方式是什么？

模块 5

CO$_2$ 焊操作

学习目标

1. 掌握 CO$_2$ 焊的原理。
2. 熟悉 CO$_2$ 焊的特点及应用范围。
3. 熟悉 CO$_2$ 焊设备组成及其设备组成部分的作用。
4. 掌握 CO$_2$ 焊的基本操作技能。

5.1 CO₂焊概述

5.1.1　CO₂焊原理

气体保护焊电弧焊分为熔化极气体保护电弧焊和非熔化极气体保护电弧焊。熔化极气体保护电弧焊与非熔化极气体保护电弧焊的区别在于熔化极气体保护电弧焊是利用焊丝与母材放电，焊丝熔化来焊接；非熔化极气体保护电弧焊是利用钨极与母材放电，钨极不熔化。CO_2 气体保护电弧焊（简称 CO_2 焊）属于熔化极气体保护电弧焊。

CO_2焊工作原理如图 5-1 所示。

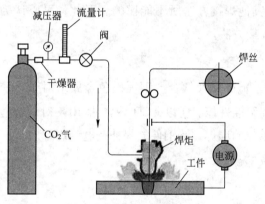

图 5-1　CO₂焊工作原理图

CO_2焊是使用焊丝来代替焊条，由送丝轮通过送丝软管送到焊枪，经导电嘴导电，在 CO_2 气氛中与母材之间产生电弧，靠电弧热量进行焊接。CO_2 气体在工作时通过焊枪喷嘴，沿焊丝周围喷射出来，在电弧周围造成局部的气体保护层，使熔滴和熔池与空气机械地隔离开来，从而保护焊接过程稳定持续地进行，并获得优质的焊缝。

5.1.2　CO₂焊特点及应用

1. CO₂焊优点

（1）具有焊接生产率高：焊接电流密度较大，电弧穿透能力强，电弧热效率较高，以及焊后不需清渣。CO_2焊的生产率比普通的焊条电弧焊高 1～3 倍。

（2）焊接成本低：CO_2 焊气体价格便宜，而且电能消耗少，故使焊接成本降低。通常 CO_2 焊的成本只有埋弧焊或焊条电弧焊的 40%~50%。

（3）焊接能耗低：与焊条电弧焊和 TIG 焊相比，焊接速度快，焊接变形小，特别适宜于薄板的焊接。

（4）焊接质量较高：抗锈能力强，焊缝含氢量少，抗裂性能好。

（5）适用范围广：全位置焊接；薄板、中厚板甚至厚板都能焊接。

（6）操作简便：焊后不需清渣，且是明弧，便于监控，有利于实现机械化和自动化焊接。

2. CO_2 焊缺点

（1）飞溅率较大，并且焊缝表面成形较差。金属飞溅是 CO_2 焊中较为突出的问题。这是最主要的缺点。

（2）很难用交流电源进行焊接，常用直流电源。

（3）抗风能力差，给室外作业带来一定困难。

（4）氧化性强，不能焊接容易氧化的有色金属。

CO_2 焊的缺点可以通过提高技术水平和改进焊接材料、焊接设备加以解决（如 STT 电源），而其优点却是其他焊接方法所不能比的。因此，可以认为 CO_2 电弧焊是一种高效率、低成本的节能焊接方法。

3. CO_2 焊应用

CO_2 焊主要用于焊接低碳钢及低合金钢等黑色金属；对于不锈钢，由于焊缝金属有增碳现象，影响抗晶间腐蚀性能。所以，CO_2 焊只能用于对焊缝性能要求不高的不锈钢工件，还可用于耐磨零件的堆焊、铸钢件的焊补及电铆焊等。

5.2 CO_2 焊设备组成

CO_2 焊焊机可分为半自动焊机和自动焊机。半自动焊机采用细焊丝（直径不超过 1.6 mm），适用于短的、不规则焊缝焊接，由焊接电源、送丝机、焊枪、供气系统和控制系统等部分组成，特点是移动焊枪靠手工操作。

自动焊机采用粗焊丝（直径超过 1.6 mm），适用于长的、规则焊缝和环缝焊接，由焊接电源和焊接行走机构（含焊枪、送丝系统和控制系统等）组成。特点是移动焊枪由焊接小车或相应的操作机自动完成。

以半自动 CO_2 焊设备为例，介绍 CO_2 焊设备的组成和作用。

1. 焊接电源

直流电源一般采用直流反极性。

（1）平特性电源：用于细丝（短路过渡）焊接，配用等速送丝系统；燃烧稳定，焊接参数易调节，避免回烧。

（2）下降特性电源：用于粗丝焊接，配用变速送丝系统。

（3）对动特性的要求：粗丝熔滴过渡时电流变化比较小，对焊接电源动特性要求不高；细丝短路过渡时，焊接电流不断变化，要求外特性品质比较高。

2. 送丝系统

送丝系统直接影响焊接过程的稳定性。送丝系统通常由送丝机构、送丝软管、焊丝盘等组成。

1）送丝机构

由送丝电机、减速装置、送丝滚轮和压紧机构等组成。CO_2 焊专用焊机的送丝机采用单主动送丝即可。

根据送丝方式的不同，CO_2 焊焊机的送丝系统有推丝式、拉丝式、推拉丝式三种基本送丝方式。半自动 CO_2 焊送丝方式如图 5-2 所示。

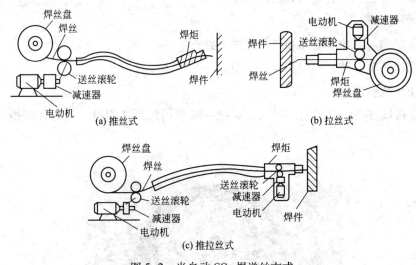

图 5-2　半自动 CO_2 焊送丝方式

（1）推丝式。推丝式是应用最广泛的一种送丝方式。其特点是焊枪结构简单、轻便，操作比较方便。但焊丝进入焊枪前要经过一段较长的送丝软管，阻力较大。而且随着软管的加长，稳定性也将变差。所以，送丝软管不能太长，一般钢焊丝为 2～5 m，铝焊丝在 3 m 以内。

（2）拉丝式。拉丝式又分为两种形式：一种是焊丝盘和焊枪分开，两者之间用送丝软管连接。另一种是将焊丝盘直接装在焊枪上，后者由于去掉了送丝软管，增加了送丝稳定性，但焊枪重量增加。

由于细焊丝（直径<0.8 mm）的刚性较差，推丝式难以送进，所以细焊丝多数采用拉丝式。拉丝式送丝方式送进细焊丝时均匀稳定，显示了突出的优点。拉丝电机功率比较小，一般在10 W左右，采用直流微型电动机。

（3）推拉丝式：此方式把上述两种方式结合起来，克服了使用推丝式焊枪操作范围小的缺点，送丝软管可5m左右。推丝电动机是主要的送丝动力，而拉丝机只是将焊丝拉直，以减少推丝阻力。推力和拉力必须很好地配合，通常拉丝速度应稍高于推丝速度。这种方式虽有一些优点，但由于结构复杂，调整麻烦，同时焊枪较重，因此实际应用不多。

2）送丝软管

送丝软管担负着从送丝机向焊枪输送焊丝的任务。对送丝软管的要求如下。

（1）应具有良好的使用性能。

（2）应保证均匀送丝。

（3）应具有足够的弹性。

3. 焊枪

焊枪应具有送气、送丝和导电的功能。

1）对焊枪的要求

（1）送丝均匀，导电可靠和气体保护良好。

（2）结构简单，经久耐用和维修简便。

（3）使用性能良好。

CO_2焊送丝方式一般采用推丝式，焊枪一般采用鹅颈式焊枪。鹅颈式焊枪如图5-3所示。

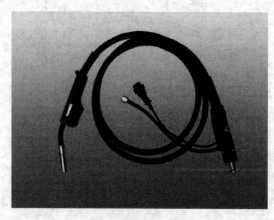

图5-3 鹅颈式焊枪

2）喷嘴和导电嘴

喷嘴是向焊接区域输送保护气体，以防止焊丝端头、电弧和熔池与空气接触。按材质分为陶瓷喷嘴和金属喷嘴。金属喷嘴必须与焊枪的导电部分绝缘。

导电嘴要求导电性能良好，耐磨性好，熔点高。一般用纯铜、铬紫铜、钨青铜、锆铜制作。喷嘴和导电嘴都是易损件，需要经常更换。所以，应具有结构简单、制造方便、成本低廉、便于装拆的特点。

4. 供气系统

由 CO_2 钢瓶、预热器、干燥器、减压阀、流量计、电磁气阀组成。通常将预热阀、减压阀、流量计作为一体，叫 CO_2 减压流量计。不同气体的减压流量计按规定不能互换使用。供气系统如图 5-4 所示。

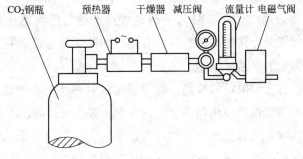

图 5-4　供气系统

1）CO_2 钢瓶

外表涂为铝白色，并标以黑色"液化二氧化碳"字样。供焊接用的 CO_2 气体，通常以液态装于钢瓶中，容量为 40 L 的标准瓶气瓶可灌入 25 kg 的液态 CO_2。

2）预热器

当打开 CO_2 钢瓶时，瓶中的液态 CO_2 不断汽化，这一过程要吸收大量的热量。另外，经减压后气体体积膨胀，也会使气体温度下降。为了防止 CO_2 气体中的水分在钢瓶出口处及减压表中结冰，气路堵塞，在减压之前要将 CO_2 气体通过预热器加热。显然，预热器应尽可能装在钢瓶的出气口附近。

3）干燥器

干燥器的作用是进一步减少 CO_2 气体中的水分。接在减压阀之前的称为高压干燥器，接在减压阀之后的称为低压干燥器，可根据钢瓶中的 CO_2 纯度选用。干燥器内装硅胶、脱水硫酸铜等吸水剂，经过加热烘干后可重复使用。一般情况下，气路中只接高压干燥器，而无须接低压干燥器。如果对焊接质量要求不高、CO_2 气体中含水分较少时，可不用干燥器。

4）减压阀

减压阀用以调节气体压力，也可以用来控制气体的流量。一般采用较低压力的乙炔压力表（压力调节范围为 $10\sim150$ kPa）或带有流量计的医用减压阀。

5）流量计

流量计用来标定和调节保护气体的流量大小。通常采用玻璃转子流量计，也可采用减压阀与流量计一体的浮标式流量计，其流量调节范围为 $0\sim15$ L/min 和 $0\sim30$ L/min 两种，可根据需要选用。

6）电磁气阀

气阀是用来通断气体的元件。可根据不同的要求，采用电磁气阀开关控制系统来完成气体的准确通断。

5. 控制系统

控制系统是对送丝系统、供气系统和焊接电源的控制，以及对焊件运转或焊接机头行走的控制。焊接电源的控制与送丝部分相关，引弧时，可在送丝同时接通焊接电源，也可在接通焊接电源后送丝。收弧时为了避免焊丝末端与熔池粘连而影响弧坑处的质量，应先停止送丝再切断焊接电源，有时还有延时切断焊接电源和焊接电流自动衰减的控制装置，以保护弧坑的质量。

送丝控制系统是对送丝电机的控制，即能够完成对焊丝的正常送进和停止动作，焊前对焊丝的调整，在焊接过程中均匀调节送丝速度，并在网路波动时有补偿作用。

对供气系统的控制系统分为三个过程进行：第一步提前送气 $1\sim2$ s，这样可以排除引弧区周围的空气保证引弧质量，然后引弧；第二步在焊接过程中保证气流均匀；第三步在收弧时滞后 $2\sim3$ s 断气，继续保护弧坑区的熔化金属凝固和冷却。

5.3 CO$_2$焊的基本操作技术

5.3.1 CO$_2$焊接基本操作

1. 焊前准备

为了获得最好的焊接效果，CO$_2$焊时除选择好焊接设备和焊接工艺参数外，还应做好焊前准备工作。

1）坡口形状

过渡方式的 CO$_2$焊主要焊接薄板或中厚板，一般开 I 形坡口；粗焊丝熔滴过渡的

CO_2焊主要焊接中厚板及厚板，可以开较小的坡口。开坡口不仅为了熔透，而且要考虑到焊缝成形的形状及熔合比。坡口角度过小易形成指状熔深，在焊缝中心可能产生裂纹。尤其在焊接厚板时，由于拘束应力大，这种倾向很强，必须十分注意。

2）加工坡口的方法

加工坡口的方法主要有机械加工、气割和碳弧气刨等。坡口加工精度对焊接质量影响很大，坡口尺寸偏差能造成未焊透和未焊满等缺陷。CO_2焊时对坡口加工精度的要求比焊条电弧焊时要高。焊缝附近有污物时，会严重影响焊接质量。焊前应将坡口周围10～20 mm范围内的油污、油漆铁锈、氧化皮及其他污物清除干净。6 m 以下的薄板上的氧化物几乎对质量无影响。在厚板时，氧化皮能影响电弧稳定性、恶化焊道外观和生成气孔。为了去除氧化皮、水分和油类，目前工厂常用的方法是用氧乙炔焰烘烤。

2. 引弧

半自动 CO_2焊通常采用短路接触法引弧，一般只需一次引弧即可。引弧前先点动焊枪开关送出一段焊丝，焊丝伸出长度应小于喷嘴与焊件间应保持的距离，且端部不应有球滴，否则应剪去端部球滴。将焊枪保持 10°～15° 的倾角，焊丝端部与焊件的距离为2～3 mm,喷嘴与焊件相距 10～18 mm。打开焊枪开关，随后自动送气、送电、送丝，直至焊丝与焊件相碰短路后自动引燃电弧。短路后，焊枪有自动顶起的倾向，故要稍用力下压焊枪，然后缓慢引向待焊处，当焊缝金属熔合后，再以正常的焊接速度施焊。

3. 焊接

1）左向焊法及右向焊法

焊接过程中，可以采用左向焊法，也可以采用右向焊法。左向焊法和右向焊法示意图如图 5-5 所示。采用左向焊法时，喷嘴不会挡住视线，焊工能清楚地观察接缝和坡口，不易焊偏；熔池受电弧的冲刷作用小，能得到较大的熔宽，焊缝成形美观，使用较为普遍。采用右向焊法时，熔池可见度及气体保护效果好，但因焊丝直指熔池，电弧对熔池有冲刷作用，会使焊波增高。另外，由于焊丝、焊枪遮挡了未焊的焊缝，所以容易焊偏。

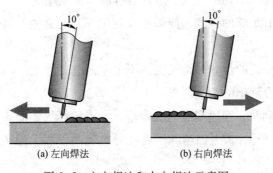

(a) 左向焊法　　　　(b) 右向焊法

图 5-5　左向焊法和右向焊法示意图

焊接过程中，要保持焊枪有合适的倾角和喷嘴高度，且沿焊接方向均匀移动，必要时，焊枪还要做横向摆动。

2）摆动技术

细丝焊接时，适当地摆动焊枪可以改善熔透性和焊缝成形。摆动不仅要有一定的速度、一定的停留点及停留时间，而且还要有一定的形状，摆动方式与焊条电弧焊时相同。常用的摆动方式有锯形、月牙形、正三角形等，焊枪摆动方式如图5-6所示。

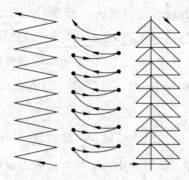

图5-6　焊枪摆动方式

4. 收尾

细丝焊接时，收尾过快易在弧坑处产生裂纹及气孔，如焊接电流与送丝时停止，会造成粘丝；故在收尾时应在弧坑处稍做停留，然后慢慢地抬起焊枪，使熔敷金属填满弧坑后再熄弧。弧坑控制电路时，焊枪在收弧处停止前进，同时接通此电路，焊接电路与电弧电压自动变小，待熔池填满时断电。

5. 接头的处理

将待焊接头处打磨成斜面；在斜面顶部引弧，引燃电弧后，将电移至斜面底部，转一圈返回引弧处后再继续左向焊接或右向焊接。

5.3.2　焊接操作注意事项

（1）必须根据被焊件结构的特点，选择合理的焊接顺序。

（2）定位焊缝应有足够的强度，如果发现定位焊缝有夹渣、气孔和裂纹等缺陷，应将缺陷部分除尽后再补焊。

（3）操作时保持一定的焊丝伸出长度，不要忽高忽低。立焊时可采用立向下焊，焊接时应注意防止未熔合缺陷的产生。

（4）焊枪若需摆动时，摆速和摆宽应合适，不得破坏气体的正常保护。保护气体应有足够的流量并保持平稳，应及时清除附着在导电嘴和喷嘴上的飞溅物，确保良好的保护效果。

（5）焊接区域的风速应限制在 1.0 m/s 以下，否则应采用挡风装置。

（6）填满弧坑，否则易产生弧坑裂纹。对于重要结构在焊缝两端应设置尺寸合适的引弧板和引出板。在不能使用引弧板和引出板时，应注意防止在引弧处和收弧处产生焊接缺陷。需待焊缝金属凝固后方可停止送气或撤走焊枪。

（7）操作时如发现送丝不均匀、导电嘴孔径磨损等影响焊接过程稳定性的情况时，应停止施焊，排除故障。应经常清理送丝软管内的污物。半自动焊接时，送丝软管的曲率半径不得小于 150 mm。

习题

1. 简述 CO_2 焊原理及特点。
2. CO_2 焊送丝方式有哪几种形式？
3. CO_2 焊供气系统中减压阀的作用是什么？
4. CO_2 焊供气系统的控制分为哪几个过程？

附录 A 焊接工艺卡

焊接工艺卡如表 A-1 所示。

A-1 焊接工艺卡

姓名		学号		班级		填写 日期	
工件概况							
名称		材料		坡口 形式		焊接 位置	
1. 确定工序，画出工序流程图							
2. 装配工艺分析（装配要求、参数、反变形、点固焊要求等）							
3. 焊接参数选择							
备注							

附录 B 装-焊工艺卡

装-焊工艺卡如表 B-1 所示。

B-1 装-焊工艺卡

| （施工单位） | 装-焊工艺卡 | 工件名称 | | 零（部）件图号 | | 共 页 | |
| | | 学生姓名 | | 材料 | | 第 页 | |

工步图：

工序号	工序内容	设备	工艺装备	电压	电流	焊条、焊丝、电极		焊剂	其他规范	工时
						型号	直径			

附录 C 质量检查内容和评分标准

质量检查内容和评分标准如表 C-1 所示。

C-1 质量检查内容和评分标准

序号	考核内容	配分	评分标准	扣分	得分
焊前准备	劳动防护用品准备	4	完好		
	试板外表清理	3	干净		
	试件定位焊尺寸、位置二处	3	≤10		
焊缝质量	表面无裂纹	5	有裂纹，不得分		
	无烧穿	4	有烧穿，不得分		
	无焊瘤	5	每处焊瘤扣 0.5 分		
	无气孔	3	每个气孔扣 0.5 分，直径大于 1.5 mm，不得分		
	无咬边	4	深度>0.5 mm，累计长 15 mm，扣 1 分		
	无夹渣	4	每处夹渣，扣 0.5 分		
	无未熔合	4	未熔合累计长 10 mm，扣 1 分		
	焊缝起头、接头、收尾无缺陷	8	起头、收尾过高，脱节，每处扣 1 分		
	焊缝宽度不均匀≤3 mm	6	焊缝宽度变化>3 mm，累计长 30 mm，不得分		
	焊缝允许宽度 $16 ^{+2}_{-1}$ mm	6	每超差 1 mm，累计长 20 mm，扣 1 分		
	焊缝余高（2±1）mm	6	每超差 1 mm，累计长 20 mm，扣 1 分		
	角变形≤3°	5	超差不得分		
	错位量≤0.5 mm	5	超差不得分		
文明规范	操作规范	3	规范		
	正确使用焊接检验工具	5	测量正确		
	场地清理	3	干净		
	合理节约焊材	3	焊条头>50 mm（一根）		
	文明操作、安全操作	4	好		
	清理焊渣、飞溅物	4	干净		
	不损伤焊缝	3	未伤		
	分数总计	100			

附录 D 测 试 题

模块一测试题

一、判断题

( ) 1. 穿戴安全帽前要将帽后调整带按照自己头型调整到合适位置。

( ) 2. 焊接时衣服穿戴整齐，扣子扣好，可以裸露手臂。

( ) 3. 护目镜要专人专用，防止传染眼睛疾病。

( ) 4. 操作旋转设备禁止戴手套作业。

( ) 5. 发现防护用品有受损或超过有效期限等情况，绝不能冒险使用。

( ) 6. 如发现漏气应及时进行更新，以免造成事故。

( ) 7. 橡胶软管须经压力试验，氧气软管试验压力为 10 MPa，乙炔软管试验压力为 0.5 MPa。

( ) 8. 可以使用焊炬（或割炬）的火焰来照明。

( ) 9. 氧气表如有冻结现象，用蒸汽或热水解冻，严禁用火烤。

( ) 10. 焊割嘴堵塞时，应停止工作进行修理。

( ) 11. 认真学好手工电弧焊安全规程，才能在作业中保护自己，避免伤害。

( ) 12. 气瓶禁止敲击，碰撞，要轻拿轻放；不得靠近热源和电气设备；与明火的距离一般不小于 2 m。

( ) 13. 乙炔软管使用中发生脱落、破裂着火时，应先将焊炬或割炬上的火焰熄灭，然后停止供气。

( ) 14. 进入容器内焊接时，点火和熄火都应在容器内进行。

( ) 15. 短时间休息，必须把焊炬（或割炬）的阀门闭紧，不准将焊具放在地上。

( ) 16. 气焊的一切设备工具，禁止沾油脂，如有漏气现象及时处理，严禁用明火做试验。

( ) 17. 禁止用铁制工件敲打气瓶及附件，以免产生火花引起爆炸。

( ) 18. 打磨过程中容易发生触电、机械伤害等事故。

( ) 19. 打磨时必须戴好防尘口罩（或防护面罩）及眼镜。

( ) 20. 工作前，应检查砂轮有无损坏，安全防护装置是否完好，通风除尘装置是否有效。

( ) 21. 打磨工作场所必须保持足够的照明，工作地点可以明火作业。

（　　）22. 主要采取绝缘、屏蔽、隔绝、漏电保护和个人防护等安全措施，避免人体触及带电体。

（　　）23. 焊工焊接时必须正确穿戴好焊工专用防护工作服、绝缘手套和绝缘鞋。使用大电流焊接时，焊钳应配有防护罩。

（　　）24. 根据焊接电流的大小，应适时选用合适的面罩、护目镜滤光片，配合焊工作业的其他人员在焊接时应佩戴有色防护眼镜。

（　　）25. 焊机发生故障时，必须切断电源由自己修理。

二、单项选择题

1. （　　）是指劳动者在生产活动中，为保证安全健康，防止事故伤害或职业性毒害，而佩戴使用的各种用具的总称。

A. 工器具　　　　B. 焊接电源　　　C. 劳动防护用品　　D. 防护服

2. 常用的劳动防护用品不包括（　　）。

A. 安全帽　　　　B. 防护手套　　　C. 防护鞋　　　　D. 短袖

3. 焊接护目镜的（　　）和保护片要按规定作业需要选用和更换。

A. 滤光片　　　　B. 眼镜托　　　　C. 眼镜框　　　　D. 眼镜腿

4. （　　）主要是指在焊接过程中辅助完成焊接任务的工具。

A. 焊枪　　　　　B. 工器具　　　　C. 焊钳　　　　　D. 扳手

5. 焊条电弧焊的常用辅助工具不包括（　　）。

A. 焊钳　　　　　B. 敲渣锤　　　　C. 电焊面罩　　　D. 焊丝

6. （　　）是防止焊接飞溅、弧光及高温对焊工面部及颈部灼伤的一种工具。

A. 焊钳　　　　　B. 敲渣锤　　　　C. 电焊面罩　　　D. 焊丝

7. （　　）用以测量坡口角度、间隙、错边以及余高、焊缝宽度、角焊缝厚度等尺寸。

A. 焊枪　　　　　　　　　　　　　B. 敲渣锤

C. 焊缝检验尺　　　　　　　　　　D. 锤子

8. （　　）可用来打磨工件上的氧化物及修整坡口和焊缝接头处的缺陷。

A. 刷子　　　　　B. 敲渣锤　　　　C. 电焊面罩　　　D. 电动磨头

9. 乙炔在运输储存和使用过程中，由于受震动、填料下沉、直接受热，以及使用不当、操作失误等，会发生（　　）事故。

A. 中毒　　　　　B. 爆炸　　　　　C. 烧伤　　　　　D. 触电

10. 氧气气瓶、乙炔发生器与明火间的距离应在（　　）m以上。

A. 5　　　　　　B. 10　　　　　　C. 15　　　　　　D. 20

11. 氧气软管为红色，乙炔软管为（　　）色。

A. 黑　　　　　　B. 蓝　　　　　　C. 绿　　　　　　D. 黄

12. 氧气气瓶和乙炔气瓶使用完后将阀门拧紧，写上（　　）标记。

A. 用完　　　　　B. 勿动　　　　　C. 空瓶　　　　　D. 补充

13. （　　）是一种人为手工控制焊条，利用焊条与焊件之间的电弧热，使焊条与焊件熔化形成缝的一种焊接方法。

A. 埋弧焊　　　　B. 手工电弧焊　　　C. 氩弧焊　　　　D. 激光焊

14. 焊接时产生强烈火的可见光和大量不可见的（　　）光线，对人的眼睛有很强的刺激伤害作用。

A. 红外　　　　　B. 可见　　　　　C. 不可见　　　　D. 紫外

15. 焊接中产生的电弧光含有红外线、紫外线和可见光，对人体具有（　　）作用。

A. 辐射　　　　　B. 照射　　　　　C. 有害　　　　　D. 无害

16. 严禁氧气气瓶、乙炔气瓶在高温环境或距离明火（　　）m 内存放，不准靠近带电体。

A. 10　　　　　　B. 15　　　　　　C. 20　　　　　　D. 25

17. 气焊作业人员必须经过专业培训，通过安全生产监督部门的考核，取得（　　）。

A. 上岗证　　　　　　　　　　　B. 工作证

C. 特种作业操作证　　　　　　　D. 操作证

18. 焊接过程中会产生电弧、金属熔渣，如果焊工焊接时没有穿戴好专用的防护工作服，易造成焊工皮肤（　　）。

A. 擦伤　　　　　B. 中毒　　　　　C. 电击　　　　　D. 灼伤

19. 焊接过程中产生的电弧温度能达到（　　）摄氏度以上，金属发生汽化，会产生大量有害烟尘。

A. 1 000　　　　B. 2 000　　　　C. 3 000　　　　D. 4 000

20. 手工电弧焊常见的安全隐患不包括（　　）。

A. 烫伤　　　　　B. 爆炸　　　　　C. 中毒　　　　　D. 触电

21. 如果发生机械伤害，碎片嵌入身体，应该（　　），立即到医院处置。

A. 就地治疗　　　B. 拔出碎片　　　C. 无动于衷　　　D. 切勿拔出碎片

22. 常用的工器具不包括（　　）。

A. 焊钳　　　　　B. 敲渣锤　　　　C. 电焊面罩　　　D. 焊丝

23. 手工电弧焊常见的安全隐患不包括（　　）。

A. 焊接弧光　　　B. 焊接烟尘　　　C. 焊接触电　　　D. 焊接中毒

24. 常用的劳动防护用品不包括（　　）。

A. 焊钳　　　　　B. 手套　　　　　C. 电焊面罩　　　D. 安全帽

25. 氧气气瓶使用时，应保持不低于（　　）MPa，防止气瓶内混入空气。

A. 0.5　　　　　 B. 1　　　　　　 C. 1.5　　　　　 D. 2

模块二测试题

一、判断题

(　　) 1. 气焊时为保护眼睛应采用大于 10 号的遮光片。

(　　) 2. 气焊主要适宜于厚板结构的焊接。

(　　) 3. 气焊丝的熔点应大于被焊金属的熔点。

(　　) 4. 氧气气瓶通常由瓶体、瓶箍和瓶阀等部分组成。

(　　) 5. H01-6 属于低压焊炬，其可焊接的最大厚度为 6 mm。

(　　) 6. 氧乙炔焰按性质分为中性焰、氧化焰和碳化焰。

(　　) 7. 下雨天可以在露天使用气割机。

(　　) 8. 在氧气切割过程中，割件的下层金属燃烧迟缓的距离称为后拖量。

(　　) 9. 金属的气割过程实质上是铁在纯氢中的燃烧过程，而不是熔化过程。

(　　) 10. 必须经常检查气割机气路系统有无漏气，气管是否完好无损。

(　　) 11. 焊接一般碳钢时，为了减少熔化金属和合金元素的烧损，需要采用氧化焰。

(　　) 12. 紫铜气焊时所选气焊熔剂是气剂 601。

(　　) 13. 气割机切割场地必须备有检验合格的消防器材。

(　　) 14. 液化石油气气瓶外表涂蓝色，红字。

(　　) 15. 钢板不能和氧气一起运输。

(　　) 16. 气焊是利用气体燃烧热作为热源的一种熔焊方法。

(　　) 17. H01-6 型焊炬属于低压焊炬，其可焊接的最大厚度为 1.6 mm。

(　　) 18. 气割时要求氧气纯度不应低于 99.99%。

(　　) 19. 中性焰的氧-乙炔混合比是 1.1～1.2。

(　　) 20. 氧气气瓶属于高压容器。

(　　) 21. 乙炔气瓶开启不得超过一转半，一般情况只开启 1/2 转。

(　　) 22. 使用气割机工作完毕，必须拉闸断电、清理场地、关闭所有瓶阀，清除事故隐患。

(　　) 23. 气焊火焰的性质应根据焊件厚度选择。

(　　) 24. 氧气气瓶和乙炔气瓶要有防震胶圈以及防倾倒措施，以防止气瓶跌落或受到撞击。

(　　) 25. 氧气、乙炔气和液化石油气的专用减压器，禁止互换使用和替用。

二、单项选择题

1. 气焊是利用可燃气体与助燃气体，在混合管内进行混合，使混合气体进行剧烈燃烧，利用（　　）去熔化焊接接头部位的母材金属和填充材料，从而凝固后使焊件牢固连接起来的一种熔焊方法。

A. 电弧热

B. 电阻热

C. 燃烧所放出的热量

D. 较大的压力

2. 气焊焊接设备有（　　）、减压器、焊炬、橡胶皮管及辅助工具等组成。

A. 控制系统　　　B. 焊钳　　　　C. 割矩　　　　D. 气瓶

3. 在正常大气压，组成液化石油气的碳氢化合物是以（　　），但是只要加压至 0.8～1.5 Pa，即变成液态。

A. 气态与液态共存

B. 气态存在

C. 固态存在

D. 气态与固态共存

4. 焊丝在气焊时的作用是（　　）。

A. 起导电作用

B. 增加熔化金属的流动性

C. 充当填充金属

D. 熔化金属

5. 牌号为 H08A 的气焊丝可用于焊接（　　）。

A. 奥氏体不锈钢　　B. 铝及铝合金　　C. 铜及铜合金　　D. 低碳钢

6. 气焊熔剂的作用有：保护熔池，减少有害气体的侵入，去除熔池中形成的氧化物杂质及（　　）。

A. 增加熔池金属的流动性

B. 提高焊接接头的力学性能

C. 改善焊接接头化学成分

D. 起填充金属作用

7. 牌号为 CJ101 的气焊熔剂的名称是（　　）。

A. 不锈钢及耐热钢气焊熔剂

B. 铸铁气焊熔剂

C. 铜气焊熔剂

D. 铝气焊熔剂

8. 气焊过程中，焊丝与焊件表面的倾斜角一般是（　　）。

A. 10°～20°　　　B. 30°～40°　　　C. 50°～60°　　　D. 70°～80°

9. 下列说法不正确的是（　　）。

A. 氧气在运输时，不能和可燃气瓶、油料及其他的可燃物品一起运输

B. 开启瓶阀时，应站在瓶阀气体喷出方向的侧面并缓慢地开启，避免气流朝向人体

C. 气瓶和电焊在同一作业地点使用时，为了防止气瓶带电，应在瓶底垫以绝缘物

D. 氧气气瓶的瓶阀发生解冻现象时，可以用火焰轻微加热或使用铁器轻轻敲打

10. 焊割现场（　　）m 范围内，不得堆放氧气气瓶、乙炔发生器、木材等易燃物。

A. 30　　　　　　B. 20　　　　　　C. 10　　　　　　D. 5

11. 氧气气瓶内的气体不能完全用尽，应留有余压（　　），使氧气气瓶内保持正

压，防止空气进入。

A. 0.02～0.04 MPa   B. 0.08～0.09 MPa

C. 0.1～0.3 MPa   D. 0.09～0.1 MPa

12. 气焊、气割前对所有气路接头的检漏（　　）。

A. 应使用肥皂水，严禁用明火检漏

B. 应使用肥皂水或明火检漏

C. 应使用乙醇水，严禁用明火检漏

D. 应使用丙酮或明火检漏

13. 乙炔气瓶外表涂（　　）色，并用红色漆写上"乙炔不可近火"字样。

A. 白   B. 蓝   C. 灰   D. 银

14. 液化石油气气罐的工作压力是（　　）MPa。

A. 1.8   B. 1.6   C. 1.2   D. 1.0

15. 目前氧气气瓶上经常使用的减压器为 QD-1 型的（　　）减压器。

A. 单极反作用式   B. 双级反作用式   C. 正作用式   D. 反作用式

16. 射吸式焊炬 H01-12，其中 12 表示（　　）。

A. 序号   B. 编号

C. 切割低碳钢最大厚度   D. 焊接低碳钢最大厚度

17. 下列说法不正确的是（　　）。

A. 焊嘴温度过高时，应该暂时停止使用或放入水中冷却

B. 焊炬上不允许沾染油脂，以防止遇氧气产生燃烧和爆炸

C. 在气焊时，当发生回火应该迅速关闭氧气气阀，再关闭乙炔阀

D. 焊嘴温度过高时，放入油中冷却

18. 氧乙炔气焊火焰由焰心、内焰和（　　）组成。

A. 旁焰   B. 边焰   C. 外焰   D. 烈焰

19. 氧乙炔气焊火焰的温度在沿长度方向和横方向上都是变化的，沿火焰轴线的温度较高，越向边缘温度越低，沿火焰轴线距焰心末端以外（　　）mm 处温度最高。

A. 1～3   B. 2～4   C. 3～5   D. 4～6

20. 氧乙炔焰焊接中碳钢时采用的火焰是（　　）。

A. 轻微氧化焰   B. 氧化焰

C. 碳化焰   D. 中性焰或乙炔稍多的中性焰

21. 气焊火焰能率的选择主要根据（　　）。

A. 工件的厚度   B. 焊丝直径   C. 火焰种类   D. 焊丝倾角

22. 气焊时焊嘴倾角大小是根据（　　）来确定。

A. 焊丝倾角   B. 火焰能率   C. 焊接材质   D. 焊件厚度

23. 焊丝和焊炬都是从焊缝的（　　　），这种操作方法叫左焊法

A. 右端向左端移动，焊丝在焊炬的前方，火焰指向焊件金属的待焊部分

B. 左端向右端移动，焊丝在焊炬的前方，火焰指向焊件金属的待焊部分

C. 右端向左端移动，焊丝在焊炬的后面，火焰指向焊件金属的待焊部分

D. 左端向右端移动，焊丝在焊炬的后面，火焰指向焊件金属的已焊部分

24. 气焊时焊接速度是根据（　　　）来选择的。

A. 焊件厚度　　　　　　　　　　B. 施焊位置

C. 焊接材质　　　　　　　　　　D. 焊工操作熟练程度

25. 气焊焊接 5 mm 以下板材时焊丝直径一般选用（　　　）。

A. 3～4 mm　　　B. 4～5 mm　　　C. 6～7 mm　　　D. 8～9 mm

模块三测试题

一、判断题

( ) 1. 焊接是一种可拆卸的连接方式。

( ) 2. 空载电压越高，电弧燃烧越稳定，因此空载电压越高越好。

( ) 3. 一般手工电弧焊电缆线的长度不超过 3 m。

( ) 4. 手弧焊收弧时，为防止产生弧坑裂纹应填满弧坑。

( ) 5. 交流焊机焊接时磁偏吹较大。

( ) 6. 焊接重要结构和有抗裂性要求的焊件，应选用碱性焊条。

( ) 7. 焊接结构中产生焊接应力的主要原因是不均匀的加热和冷却。

( ) 8. 焊条的直径是以药皮直径来表示的。

( ) 9. 一般焊接工件厚度小于 6 mm 时，不需开坡口。

( ) 10. 碱性焊条的烘干温度应该比酸性焊条高。

( ) 11. 焊条直径就是指焊芯直径。

( ) 12. 焊接接头包括焊缝、熔合区和热影响区。

( ) 13. 手工单弧焊工件留钝边的目的是保证焊透。

( ) 14. 焊接接头的基本形式可分为对接接头、角接接头、T形接头和搭接接头四种。

( ) 15. 电弧是一种气体放电现象。

( ) 16. 焊工在拉、合电源开关或接触带电物体时，必须单手进行。

( ) 17. 金属材料焊接性能的好坏只取决于材料的化学成分，与其他因素无关。

( ) 18. 焊机发生故障时，必须切断电源由自己修理。

( ) 19. 焊接电弧由阴极区、阳极区两部分组成。

( ) 20. 调整焊条角度可以有效地防止焊条偏吹。

( ) 21. 发现有人触电时要马上拉触电者的手，使其尽快脱离电源。

( ) 22. 护目镜片颜色深浅的选择依据是焊接电流越小，镜片颜色应越深。

( ) 23. V形坡口加工容易，但焊后易产生角变形。

( ) 24. 选择坡口的钝边尺寸时主要是保证第一层焊透和防止烧穿。

( ) 25. 采用 E5015 焊条焊接时，应采用直流正接法。

二、单项选择题

1. 一般酸性焊条的烘干温度为 ( )。

A. 100～150 ℃   B. 200～350 ℃   C. 350～400 ℃

2. 在光线昏暗的场地或容器内操作或夜间工作时，使用的工作照明灯的安全电压应不大于（　　）V；在特别潮湿的场所，其安全电压不超过（　　）V。

A. 40　　　　　　　B. 36　　　　　　　C. 12

3. 直流反接，是指（　　）。

A. 焊条接正极　　　B. 焊条接负极

4. 气焊或气割常用的火焰性质为（　　）。

A. 碳化焰　　　　　B. 中性焰　　　　　C. 氧化焰

5. 重要焊条存放时，室内温度在 5 ℃以上，相对湿度不超过（　　）。

A. 40%　　　　　　B. 50%　　　　　　C. 60%

6. 下列材料能用普通气割方法进行的是（　　）。

A. 低碳钢　　　　　B. 不锈钢　　　　　C. 铸铁

7. 弧焊电源 ZX7-500 是指（　　）。

A. 弧焊变压器　　　B. 硅弧焊整流器　　C. 逆变式弧焊电源

8. 下列焊条属于碱性焊条的是（　　）。

A. E4303　　　　　B. E5015　　　　　C. E4323

9. 电焊机的空载电压 V_0 一般不高于（　　）。

A. 36 V　　　　　　B. 220 V　　　　　C. 90 V

10. 焊接作业现场与易燃易爆物品的安全距离一般不小于（　　）m。

A. 2　　　　　　　B. 5　　　　　　　C. 8　　　　　　　D. 10

11. 直流弧焊电源焊接时，工件接焊机的正极，电极接负极，称之为（　　）接法。

A. 正　　　　　　　B. 反　　　　　　　C. 交流

12. 在焊条药皮中加入电离电位低的物质，可以（　　）电弧的稳定性。

A. 降低　　　　　　B. 提高　　　　　　C. 保持

13. 下列的熔滴过渡形式，通常容易获得较大熔深的是（　　）。

A. 颗粒　　　　　　B. 短路　　　　　　C. 喷射

14. 焊缝的成形系数是指（　　）。

A. 宽度/余高　　　B. 宽度/有效厚度　　C. 有效厚度/余高

15. 电流不变时，若焊丝直径增加，则焊缝的熔深会（　　）。

A. 减小　　　　　　B. 不变　　　　　　C. 增加

16. 救助触电者脱开带电体应采用的方法是（　　）。

A. 用绝缘物拨开　　　　　　　　　B. 直接用手拉开

C. 用铲车推开　　　　　　　　　　D. 用链子锁拖开

17. 设备外壳加绝缘板的目的是（　　）。

A. 以备钉设备铭牌　　　　　　　　B. 以防设备发热烫手

C. 防漏电至机壳　　　　　　　　D. 为搬动带电设备方便

18. 焊接是采用（　　）方法，使焊件达到原子结合的。

A. 加热　　　　　B. 加压　　　　　C. 加热或加压或两者并用

D. 加热或加压，或两者并用，并且用（或不用）填充材料

19. 焊条直径及焊接位置相同时，碱性焊条比酸性焊条所用的焊接电流（　　）。

A. 大　　　　　　B. 小　　　　　　C. 相等　　　　　D. 无法判定

20. 在焊接过程中，焊接电流过大时，容易造成气孔、咬边及（　　）等。

A. 夹渣　　　　　B. 未焊透　　　　　C. 焊瘤

21. 焊机铭牌上的负载持续率是表明（　　）。

A. 与焊工无关

B. 告诉电工安装用的

C. 告诉焊工应注意焊接电流和时间的关系

D. 焊机的极性

22. 电源种类和极性对气孔形成的影响是：（　　）最容易出现气孔。

A. 交流电源　　　　B. 直流正接　　　　C. 直流反接　　　　D. 脉冲电源

23. （　　）是正确的。

A. 为减小焊接应力，应先焊接结构中收缩量最小的焊缝

B. 为减小焊接应力，应先焊接结构中收缩量最大的焊缝

C. 采用刚性固定法焊接就不会产生残余应力

24. 焊接一般低碳钢的工艺特点之一是（　　）。

A. 预热　　　　　　　　　　　　B. 缓冷

C. 锤击焊缝减少应力　　　　　　D. 刚性很大时，要进行预热

25. 焊接设备三相电源线路应由谁进行连接（　　）。

A. 电焊工　　　　　B. 班组长　　　　　C. 安全员　　　　　D. 电工

模块四测试题

一、判断题

( ) 1. 氧化性气体由于本身的氧化性强，所以不适合作为保护气体。

( ) 2. 因氮气不溶于铜，故可以用氮气作为焊接铜及铜合金的保护气体。

( ) 3. 气体保护焊很适合全位置焊接。

( ) 4. 推丝式送丝机构一般用于长距离输送焊丝。

( ) 5. 熔化极氩弧焊的熔滴过渡形式采用喷射过渡。

( ) 6. 药芯焊丝 CO_2 焊是渣气联合保护焊接工艺。

( ) 7. CO_2 焊时应先引再通气才能保持电弧的稳定燃烧。

( ) 8. 气孔的危害性没有裂纹大，所以在焊缝中允许存在一定数量的气孔。

( ) 9. 二氧化碳气瓶内装的是液态二氧化碳。

( ) 10. 预防和减少焊接缺陷的可能性的检验是焊前检验。

( ) 11. 氢不但会产生气孔，也会促使形成延迟裂纹。

( ) 12. CO_2 气体保护焊的气体过小时，焊缝易产生裂纹缺陷。

( ) 13. CO_2 焊时，多采用直流正接来减少飞溅。

( ) 14. CO_2 气路内的干燥器作用是吸收 CO_2 气体中的水分。

( ) 15. CO_2 焊对铁锈、油污很敏感，焊前一般需要除锈。

( ) 16. 常用的牌号为 H08Mn2SiA 焊丝中的 Mn2 表示含锰量为 2%。

( ) 17. CO_2 焊的缺点之一就是不能全位置焊接。

( ) 18. 液态二氧化碳是淡蓝色液体。

( ) 19. CO_2 焊不能焊接黑色金属。

( ) 20. CO_2 焊不能焊接薄板。

( ) 21. CO_2 焊与焊条电弧焊比较，其弧光更强。

( ) 22. CO_2 焊时，飞溅较大，要注意防护。

( ) 23. 利用 CO_2 焊焊接时，会生成对人体有害的氧化碳气体，应加强通风。

( ) 24. CO_2 气瓶一般不会爆炸，离热源近当或在太阳下暴晒也无妨。

二、单项选择题

1. 短路过渡的形成条件为（　　）。

A. 电流较小，电弧电压较高　　　　　　B. 电流较大，电弧电压较高

C. 电流较小，电弧电压较低　　　　　　D. 电流较大，电弧电压较低

2. CO_2 焊用直径大于 1.6 mm 的焊丝焊接时，可使用较大的电流和较高的电弧电压，实现（　　）。

A. 短路　　　　　　B. 细滴　　　　　　C. 射流　　　　　　D. 渣壁

3. CO_2 气体保护焊应采用 （　　）

   A. 直流正接　　　　B. 直流反接　　　　C. 交流　　　　D. 任意

4. CO_2 气瓶是 （　　） 气瓶。

   A. 溶解　　　　B. 压缩　　　　C. 液化　　　　D. 常压

5. 焊丝直径为 $\Phi 1.2 \sim \Phi 1.6$ mm 的 CO_2 气体保护焊常用的送丝方式为 （　　）。

   A. 推丝式　　　　B. 拉丝式　　　　C. 推拉丝式　　　　D. 行星式

6. CO_2 焊的主要缺点是 （　　）。

   A. 飞溅较大　　　　B. 生产率低　　　　C. 对氢敏感　　　　D. 有焊渣

7. CO_2 气体保护焊最适合焊接 （　　）。

   A. 钛合金　　　　B. 铝合金　　　　C. 低碳低合金钢　　　D. 铜合金

8. CO_2 气瓶瓶口压力表的读数越大，说明瓶内 CO_2 气体的量 （　　）。

   A. 越多　　　　B. 越少　　　　C. 不能确定

9. 进行 CO_2 焊时，预热器应尽量装在 （　　）。

   A. 靠近钢瓶出气口处　　　　　　　　B. 远离钢瓶出气口处

   C. 无论远近都行

10. 进行 CO_2 焊时，焊丝的含碳量要 （　　）。

   A. 低　　　　B. 高　　　　C. 中等　　　　D. 任意

11. 利用气体保护焊焊接时，保护气体成本最低的是 （　　）。

   A. H_2　　　　B. CO_2　　　　C. He　　　　D. Ar

12. 焊接区中的氮绝大部分都来自 （　　）。

   A. 空气　　　　B. 保护气　　　　C. 焊丝　　　　D. 焊件

13. 进行 CO_2 焊当焊丝伸出过长时，飞溅将 （　　）。

   A. 增加　　　　B. 不变　　　　C. 减少

14. CO_2 气体保护焊通常要求保护气体中的含水量 $\leq 1 \sim 2\text{g/m}^3$，同时还应在气瓶出口处装设气体 （　　），以清除水分及防止气体中的水分在气瓶出口处结冰。

   A. 冷却器　　　　　　　　　　　　　B. 干燥器或预热器

   C. 去湿气

15. CO_2 气体保护焊焊枪中的导电嘴制造材料一般采用 （　　）。

   A. 纯铅　　　　B. 纯铜　　　　C. 纯银

16. CO_2 气体保护焊用焊丝镀铜以后，既可防止生锈又可改善焊丝 （　　）。

   A. 导电性能　　　　　　　　　　　　B. 导磁性能

   C. 导热性能　　　　　　　　　　　　D. 热膨胀性

17. 焊丝牌号 H08MnA 中的 "A" 表示 （　　）。

   A. 焊条用钢　　　　　　　　　　　　B. 普通碳素钢焊丝

C. 高级优质钢焊丝　　　　　　　　　D. 特殊钢焊丝

18. 贮存 CO_2 气体的气瓶容量为（　　）L。

A. 10L　　　　　B. 25L　　　　　C. 40L　　　　　D. 45L

19. CO_2 焊的粗丝焊丝直径为（　　）。

A. 小于 12 mm　　B. 1.2 mm　　　C. ≥1.6 mm　　D. 1.2～1.5 mm

20. 细丝二氧化碳保护焊时，熔滴应该采用（　　）过渡形式

A. 短路　　　　　B. 颗粒状　　　　C. 喷射　　　　　D. 滴状

21. （　　）二氧化碳气体保护焊属于气渣联合保护。

A. 药芯焊丝　　　B. 金属焊丝　　　C. 细焊丝　　　　D. 粗焊丝

22. CO_2 气体保护焊时，用的最多的脱氧剂是（　　）。

A. Si Mn　　　　B. CSi　　　　　C. Fe Mn　　　　D. C Fe

23. CO_2 焊时所用 CO_2 气体的纯度不得低于（　　）。

A. 80%　　　　　B. 99%　　　　　C. 99.5%　　　　D. 95%

24. CO_2 焊常用焊丝牌号是（　　）。

A. HO8A　　　　B. HO8MnA　　　C. HO8Mn2SiA　　D. HO8Mn2A

25. 对焊工没有毒害的气体是（　　）。

A. 臭氧　　　　　B. 一氧化碳　　　C. 二氧化碳　　　D. 氧化物

模块五测试题

一、判断题

（　　） 1. 气体保护焊为获得最佳保护效果，在气体流量增加时喷嘴孔径应相应减小。

（　　） 2. 钨极氩弧焊主要用于打底焊、有色金属及厚大焊件的焊接。

（　　） 3. 与其他焊接方法一样，钨极弧焊也可以直接在焊件的坡口面内接触引弧。

（　　） 4. 钨极氩弧焊由于没有冶金反应，所以焊前清理要求严格。

（　　） 5. 钨极氩弧的弧长对电弧电压的影响较小，所以焊接时可以用较长的电弧。

（　　） 6. 氩气较难电离，但氩弧引燃后，较低的电弧电压即可维持电弧稳定燃烧。

（　　） 7. 钨极氩弧焊通常采用直流反接电源。

（　　） 8. 手工钨极氩弧焊要求焊接电源具有水平外特性。

（　　） 9. 用钨极氩弧焊机焊接不锈钢时，应采用直流正接。

（　　） 10. 手工钨极氩弧焊时，为增加保护效果，氩气的流量越大越好。

（　　） 11. 氩弧焊时钨极不但有导电、引弧、维弧作用，还具有发射电子的作用。

（　　） 12. 氩弧焊时形成气孔的气体是氩气。

（　　） 13. 钨极氩弧焊用高频振荡器的作用是稳定电弧。

（　　） 14. 手工钨极氩弧焊适合于焊接薄件。

（　　） 15. 氩气是惰性气体，在高温下分解并与焊缝金属起化学反应。

（　　） 16. 焊缝宽度随着电弧电压的减小而减小。

（　　） 17. 氩在惰性气体保护焊的应用中效率低。

（　　） 18. 氩弧焊可以焊接化学活泼性强和已形成高熔点氧化膜的镁、铝、钛及其合金。

（　　） 19. 厚板的钨极氩弧焊一般要求填充金属的化学成分与母材不同。

（　　） 20. 钍钨极是目前钨极氩弧焊中应用最广泛的一种电极。

（　　） 21. 氩气无色无味。

（　　） 22. 手工电弧焊时的弧光比氩弧焊时的弧光辐射低。

（　　） 23. 钨极氩弧焊焊接时，当电流超过允许值时，会产生夹钨缺陷。

（　　） 24. 采用钨极氩弧焊焊接不锈钢管时，在管内通 Ar 气，是为了防止焊缝背面氧化。

（　　） 25. 钨极氩弧可焊的材料范围很广，几乎所有的金属材料都可进行焊接。

二、单项选择题

1. 钨极氩弧焊采用直流反接时，不会（　　）。

A. 提高电弧稳定性　　　　　　　B. 产生阴极破碎作用

C. 使焊缝夹钨　　　　　　　　　D. 使钨极熔化

2. 熔化极氩弧焊焊接铝及铝合金（　　）直流反接。

A. 采用交流焊或　　　　　　　　B. 采用交流焊不采用

C. 采用直流正接或　　　　　　　D. 一律采用

3. 钨极氩弧焊焊前检查阴极破碎作用时，熔化点周围呈乳白色，即（　　）。

A. 有焊缝夹钨现象　　　　　　　B. 表明气流保护不好

C. 说明电弧不稳定　　　　　　　D. 有阴极破碎作用

4. 在 TIG 焊过程中，破坏和清除氧化膜的措施是（　　）。

A. 焊丝中加锰和硅脱氧　　　　　B. 采用直流正接焊

C. 提高焊接电流　　　　　　　　D. 采用交流焊

5. 熔化极氩弧焊焊接铜及其合金时一律采用（　　）。

A. 直流正接　　　　　　　　　　B. 直流正接或交流焊

C. 交流焊　　　　　　　　　　　D. 直流反接

6. 氩弧焊的最大特点是（　　）。

A. 完成的焊缝性能较差　　　　　B. 焊接变形大

C. 可焊接的材料范围很广　　　　D. 可焊接的材料太少

7. 当采用交流钨极氩弧焊时钨极端部应磨成（　　）。

A. 钝角　　　　B. 平顶锥角　　　　C. 约 20°尖锥角　　　　D. 半球状

8. 采用钨极氩弧焊焊接不锈钢管时，在管内通（　　），是为了防止焊缝背面氧化。

A. CO_2　　　　B. N_2　　　　C. O_2　　　　D. Ar

9. 钨极氩弧焊引弧前必须提前送气，其目的是（　　）。

A. 减少钨极烧损　　　　　　　　B. 保护焊接区域

C. 消除高频的有害影响　　　　　D. 提高焊接生产率

10. 采用 TIG 焊焊接不锈钢时应采用（　　）。

A. 直流正接　　　　B. 直流反接　　　　C. 交流　　　　D. 任意

11. 钍钨电极与铈钨电极相比较，放射性较（　　），价格较（　　）。

A. 大、低　　　　B. 大、高　　　　C. 小、低　　　　D. 小、高

12. 下列气体中，不属于 TIG 焊用保护气的为（　　）。

A. Ar　　　　B. He+Ar　　　　C. Ar+CO_2　　　　D. He

13. TIG 焊常用的引弧方式为（　　）。

A. 接触引弧　　　B. 高频引弧　　　C. 爆断引弧　　　D. 慢送丝引弧

14. 在其他条件相同时，下列哪种方法会减弱气体保护效果？（　　）

A. 反面保护　　　B. 加挡板　　　　C. 扩大正面保护区 D. 采用高速焊接

15. 采用 TIG 焊制造的产品多为（　　）结构。

A. 厚板　　　　　B. 薄板　　　　　C. 中厚板　　　　D. 任意厚度

16. 钨极氩弧焊时，采用（　　）接法钨极烧损最小。

A. 直流正　　　　B. 交流　　　　　C. 直流反

17. 下列的熔滴过渡形式，通常容易获得较大熔深的是（　　）。

A. 颗粒　　　　　B. 短路　　　　　C. 喷射

18. 钨极氩弧焊焊接不锈钢时，应用（　　）接法。

A. 直流正接　　　B. 直流反接　　　C. 交流

19. 钨极氩弧焊焊接铝合金时，不应采用（　　）接法。

A. 直流正接　　　B. 直流反接　　　C. 交流

20. 氩弧焊机的高频振荡常用于（　　）。

A. 稳弧　　　　　B. 引弧　　　　　C. 焊接

21. 钨极氩弧焊用（　　）接法没有"阴极雾化"作用。

A. 正接　　　　　B. 反接　　　　　C. 交流

22. 钨极氩弧焊焊接不锈钢，焊缝表面颜色为（　　）色时，保护效果较好。

A. 金黄　　　　　B. 蓝　　　　　　C. 灰黑

23. 从焊接的角度看，氩气的惰性是指（　　）。

A. 不与金属有化学反应　　　　　　B. 不溶于金属

C. 既不反应也不溶解

24. Ar 气瓶的正确涂色应是（　　）。

A. 灰　　　　　　B. 白　　　　　　C. 铝白

参考文献

[1] 程绪文.焊接技能强化实训.2版.北京：化学工业出版社，2008.

[2] 中国机械工程学会焊接学会.焊接手册：1　焊接方法与设备.3版.北京：机械工业出版社，2008.

[3] 韩国明.焊接工艺理论与技术.2版.北京：机械工业出版社，2007.